讓成交更優雅

與顧客共創故事，法國精品銷售教母的情緒價值課

NON MERCI, JE REGARDE

L'art de la vente et de la relation client dans le luxe

康絲坦絲・卡維 Constance Calvet ——著

韓書妍——譯

獻給我的母親

獻給伊佐兒、盧多維克和阿莉艾諾

獻給畢雍、斯嘉蕾和荻安

紀念

艾曼紐・賽格—狄蓋特

安德烈・鮑賽

「重要的不是他人對我們做了什麼，而是我們自己如何看待他人對我們所做的一切。」

——尚－保羅．沙特（Jean-Paul Sartre）《聖葸內，戲子與聖人》（*SAINT GENET, COMÉDIEN ET MARTYR*）

目次

第二部 一流精品銷售顧問的培訓藝術

推薦序——

唯有在銷售現場，能創造獨一無二的價值

「尋找的是理智，尋得的卻是情感」喬治桑（George Sand）如是說。當布依雷－杜馬（Sophie Bouilhet-Dumas）介紹我和卡維見面時，我就知道，我們一定會相當契合。後來也證實，我倆一見如故。我在時尚與精品領域打滾近二十年後，對品牌在銷售現場的培訓與形象的重要性深信不疑。我從二〇二一年初開始管理Christofle品牌，一再驗證傳承和培訓是品牌永續經營的不二法門。

多年來，我有幸與眾多專業的銷售人士共事，我發現一支訓練有素、士氣高昂的團隊能有帶來多麼大的改變。這就是我推薦卡維的新書的原因。她擁有品牌經營和精品銷售方面，深厚的經驗與實學，她累積的寶貴知識，必定能為渴望在這個領域發光發熱的專業人士，提供充足的養分。

除了個人累積專業之外，卡維也很擅長培訓精品銷售團隊。在精品產業中，建立一

支實力堅強又專業的銷售團隊，優點數不完。以下是精品零售培訓的主要好處：

1. **優質的客戶服務**：這是書中的精品全部替代成精品產業中的關鍵要素。培訓優秀的銷售團隊能夠提供出色的客戶服務，帶來個人化的關注、永遠在需要時適時出現、積極進取，而這些都是成功的客戶體驗與長期忠誠度的因素。
2. **產品的專業知識**：在精品產業中，產品往往細緻而高級。訓練有素的銷售團隊能夠掌握每一項產品的特性與優勢，使其得以對客戶提供恰到好處的資訊。
3. **品牌形象**：精品常常與頂級、優質和專屬性連結。受過良好培訓的團隊就是品牌大使，將品牌的價值觀傳達給客戶。透過帶來靈光的話語，團隊能創造絕佳的客戶體驗。
4. **適應性**：在精品產業中，趨勢和客戶偏好瞬息萬變。訓練有素的團隊能夠適應市場，預判什麼是客戶想要的，並提出創新的解方。這點能維持公司或品牌的競爭力，並且與眾不同。

精品領域的管理者必須要意識到，如果沒有現場銷售團隊，精品牌是成不了氣候的。管理精品牌是令人興奮卻嚴苛的挑戰。就我而言，人就是一切的中心。以下是經營精品牌時必須考量的關鍵點：

1. **對精品產業的深入認識**：經營精品牌的第一步，就是要充分了解精品產業與其特殊性，包括了解目前趨勢、競爭品牌、客戶期待以及精品行業自身的高品質標準。
2. **策略願景**：身為精品牌的領導者，對公司有明確的策略願景極為重要。這包括設定長期目標、找出成長、開發新系列或公司多樣化經營的機會。踏實的策略願景將引領公司的決策和行動。
3. **品牌管理**：品牌是所有精品牌的核心。培養與維持一致且有威望的品牌形象至關重要。這牽涉到監督公司的所有層面，從產品、客戶體驗到溝通，都要反映出品牌的價值觀與美學。
4. **團隊管理**：才華洋溢、充滿動力的團隊，對精品牌的成功勢不可少。招募並沒訓能力出色的專業人士，激勵並引導他們達到公司的目標，這些都極為重要。團隊管理也關乎打造有助於積極工作的環境、推動創意和創新，並認可傑出的表現。

5. **營運卓越**：在精品領域中，營運卓越就是關鍵。這代表要注意產品品質、客戶滿意度、有效管理存貨、物流和配銷，以及對財務管理嚴格把關。在公司所有層面皆維持高標準、確保客戶的滿意度和忠誠度非常重要。

6. **創新和適應**：精品產業日新月異，首要之務就是創新及適應新趨勢與不斷變化的客戶期待，才能保持競爭力。這會牽涉到開發新產品、與知名設計師或藝術家聯名合作、探索新的配銷通路，或是將尖端科技融入產品與客戶體驗中。

7. **客戶關係**：如同上面提到的，最重要的就是客戶關係。這可能包括依照客戶的個人喜好規劃獨家活動、實行忠誠度計畫，或是提供產品個人化服務。

培訓銷售團隊是品牌的命脈，培訓師則是最根本的角色，是所有販售點傳達訊息的連貫性與一致性的見證與保證。在客戶服務方面，他就是品牌形象的指標與大使。

在這本書中，卡維為讀者提出具體的例子與實用建議，讓讀者能夠在自己的職場上立即應用內文介紹的原則。她也希望激發讀者的反思和創造力，鼓勵他們找出創新的解決之道，以應對所處產業中的特定挑戰。

我相信本書對於所有渴望在自身領域中，精益求精的銷售與培訓的專業人士而言，將會是寶貴的資源，我也衷心希望本書能對培養銷售團隊與達成遠大目標，帶來入微見解與具體的方向。

「世界上最珍貴的感覺，莫過於為某人而存在。」

——維克多．雨果

客戶需要感覺自己受到重視，而且獨一無二：這需要專業細心的銷售人員的用心，他們竭盡所能讓客戶愉快，賦予客戶意義和重要性，令客戶成為品牌的大使和朋友，建立起終身的忠誠度，因為就像普魯斯特的瑪德蓮，其餘的一切就交給回憶和感情。

艾蜜莉．維亞格－梅吉（Émilie Viargues-Metge）
Christofle 品牌總裁、國家榮譽軍團勳章騎士

前言——謝謝，我就看看

「謝謝，我就看看……」我們說這些話，有多少次是為了躲開那些隨侍在旁、緊迫盯人的店員，他們開口提出協助，我們拒絕，然而我們心底其實是打算買點什麼。這就是常見的矛盾：「人們喜歡買，但討厭被推銷。」

在電子商務、全通路、NFT、沉浸式體驗和人工智慧的時代，人與人之間的關係比以往更加可貴。無論是面對面或遠距進行，現今的銷售比過去更需要對話、需要你來我往、需要稍微拉開距離。販售者與客戶之間的這種情感接觸就是全新的聖杯，不分世代人人夢寐以求。

如果我們放棄在沙發上點選幾下就能購物的舒適，願意走進一家店或是直接與客服人員交談，那是因為體驗和情感仍是最強大的購買動力，這在精品世界，我將近三十年來的專業領域，更是不變的真理。

這縷額外的靈魂，這股我們想要的無以名狀的魅力，這種不期而遇的美好事物所帶來的欣喜，讓客戶開口，讓客戶再度上門，這些都是由銷售人員以及訓練他們的培訓師所創造的。也正是為了應對這種新的境況，為了滿足客戶對於體驗日益高升的要求，我自然而然萌生想要傳達我的經驗與信念的渴望，特別是透過各位手中的這本書。

一直以來，我感覺自己身負「引渡人」的使命。為了理解自己的「為什麼」、我存在的理由，我受到知名的英裔美籍勵志演說家西奈克（Simon Sinek）的啟發，他也是書籍作者，更重要的是他發明了「黃金圈」（Golden Circle）法則。因此，讓大眾能夠受益於超過二十五年來我所學習、理解、設計、打造成系統並傳播的一切，這個念頭也變得明晰。

至於本書的形式，我選擇以短篇故事集而非教戰手冊的方式書寫，每篇描述一個我自己或團隊成員向我敘述，或是我的客戶和友人大方分享的親身經歷的情境。為什麼選擇故事形式？因為透過具體真實的例子，我們會學得更好。在我的培訓中，當我稍微頓一下，然後說「現在我要講一個故事給各位聽」時，所有的參與者都會立刻重拾童心，專注聽我說話。因此，正是這股敘事的吸引力，在一次又一次的培訓中進步，奠定了本書的風格。

透過饒富趣味、充滿教育意義且有時詼諧的故事，各位將會發現在這個常常充滿幻想的世界的幕後故事，以及成為優秀的銷售人員和幹練的培訓師的竅門。書中的每一則軼事，透過一堂課或故事所點出的一個或多個寓意，都突顯一項銷售的才能或成為培訓師的能力。最後，若想深入了解某些主題或原則，你可以在標題為〈充電小歇〉的部分，看到更多相關文章、著作、影片或播客的連結。

寫作是一場精彩的旅程，雖然在創意層面令人興奮無比，但若在管理一項需要投入所有時間和精力的事業的同時進行，寫作仍是相當棘手的事。不過，撰寫這本書的每一刻，寫下的每一個字，都讓我感到欣喜不已，表示這些文字在我內心「醞釀」已久，現在正是提筆的時候。

現在，在進入正文之前，請容我用五個詞介紹自己，這五個詞就是牽起我的人生和職業生涯的紅線：日本－銷售－文化－創業－培訓。

日本

十八歲時，我在國立東方語言文明學院（Institut national des Langues et Civilisations orientales）學習日語。認識這個國家、其文化和語言是我的幸運，日後將指引我的所有選擇。在一九八〇年代會說日語，就像在二〇二〇年代會說華語，有如通往大好機會的通關密語。人生中的第一份工作，我應徵上三越，是日本歷史最悠久的百貨公司。我的第一個老闆名叫齋藤峰明，熱愛法國及其生活藝術的他，後來成為日本愛馬仕（Hermès）的社長。齋藤先生是我前後四位老闆當中的第一個，他們都有一個奇妙的共同點，那就是身高驚人（一百九十公分）、風度翩翩、魅力十足，而且對我都充滿信心。

銷售

銷售寫在我的基因裡：我成長於波爾多的酒商家族，我的血液裡流淌著長達六代的商人精神。母親的家族則從一八三〇年開始販售銀器。我的第一份銷售經驗發生在威尼斯的 Bottega Veneta 店裡。賣出時的興奮喜悅仍歷歷在目，但也我也記得遭到客戶惡劣對待時的氣餒、灰心、疲倦、甚至憤怒，或是店內空蕩蕩時的百無聊賴。從那一天起，我從來沒有停止銷售。我勤奮不倦地努力追求進步，測試自己的新技巧，與王牌銷售員交流，有失敗、有成功，最重要的是，我熱愛這份職業！

文化

我擁有文學和語言學位，十六歲時，比起數學更喜歡希臘文和拉丁文，一切都決定了我會就讀文學。我的兩大愛好，文學和寫作，也見證了這股強烈的傾象。因此在閱讀本書的過程中，看到我引用大量文化內容，讀者應該也不會感到意外。

精品與文化的連結極為深刻。許多品牌的商店超越商業功能，變成真正的文化用途，突顯其歷史、工藝之美、私人藝術收藏，以及與全世界的藝術家的合作，在在證明這項美好的結合。

文化也攸關優秀的銷售人員或培訓師的職責，因為這兩者都首重健談。這的詞在法語中翻譯成「閒聊者」（causeur），代表擁有以下四種能力：

- **對談話者感興趣**

- **大膽**
- **運用綜合文化知識**
- **出眾的說故事才能**

要培養並滋養自身的綜合文化知識，固然必須表現出個人的好奇心，而培訓也是很好的促進方式。

創業

我有兩部百看不厭的電影，在我的職業生涯得到成功與成為創業家的渴望中，扮演了重要角色。直到今日，即使略顯過時，我還是會帶著懷舊的溫柔心情看這兩部電影，因為兩位女主角過氣的套裝、如出一轍的髮型和誇張的墊肩可能會讓Z世代發噱，這樣的造型卻曾經是我的夢幻裝扮。

美國電影《上班女郎》（*Working Girl*）由尼可斯（Mike Nichols）執導，一九八八年上映，格里斯（Melanie Griffith）飾演不甘平淡的泰絲，故事描述她與福特（Harrison

Ford）飾演的傑克高潮迭起的經歷，度過重重難關，獲得她想要的升遷。我在第一間辦公室牆上，貼了這部電影最後一幕的劇照，她正在和童年好友講電話，滿臉勝利地從華爾街的摩天大樓上俯瞰曼哈頓。

《嬰兒炸彈》（*Baby Boom*）是夏爾（Charles Shyer）導演的美國電影，一九八七年推出，改編自懷特（J.C. Wiatt）的真人真事，由基頓（Diane Keaton）飾演這名野心勃勃的商場女強人。某天，她的表妹過世，留下一個十三個月大的嬰兒，她的人生頓時天翻地覆。擺脫老闆、和男朋友分手後，她選擇拋下一切，在佛蒙特州（Vermont）一棟遺世獨立的屋子安頓下來，憑著意志力、經歷許多不如意後，她成立一間製作嬰兒食品泥的公司，後來大獲成功，她的前東家甚至提議向她買下公司。

我非常喜歡這兩部電影，因此常常放映片段給受訓學員看，用來說明這股大膽無畏的氣勢，尤其是在兩分鐘內就抓住潛在客戶注意力或提案的藝術。

三十二歲時，我在精品界踏出獨立的第一步，成立一間翻譯工作室，專精亞洲語系和購買力強大的日本客戶的關係行銷。這就是我進入精品世界的開端，從此再也沒有離開。蒙田大道（avenue Montaigne）、聖多諾黑區（faubourg Saint-Honoré）和凡登廣場

（place Vendôme）的頂尖品牌請我在店內規劃活動，提升這些極度渴求出色設計與法國工藝的客群的品牌意識。我帶著一群來自日本的接待人員，一起迎接這群由旅法人士和富裕的觀光客組成的有客戶，他們教養良好，低調優雅。

大約十五年後，期間我曾經當過上班族，我成立了第二間公司 The Wind Rose，是精品零售培訓顧問公司，是我目前經營的公司，稍後會和各位介紹。

培訓

某天，一通單純的電話，如魔法般永遠改變了我的職業生涯的方向。那時是一九九八年。電話那頭，卡地亞（Cartier）的國際培訓總監娜塔莉（Nathalie Banessy）引起我的心跳一陣加速。過去三年來，我的顧問公司一直負責將卡地亞的文件翻譯成日文、中文、韓文、俄文和阿拉伯文。一九九五年十一月，在反對退休年金改革的罷工之際，我還騎腳踏車親自遞送文件，一切仍歷歷在目。

這一次，娜塔莉問我能否培訓她的銷售團隊接待日本客戶。我這輩子沒有培訓過任何人，但是我故作鎮定地回答：「當然可以，給我兩個月的時間打造專屬的計畫。」

接著我謹慎地補充：「如果能參加一次貴公司的培訓，以便配合您們的方式，那就太好了……」我非常慶幸能夠遇到娜塔莉，這份恩情我終生難忘，因為她為我開啟了卡地亞銷售學校的大門，是精品產業中的先驅。我在其中遇見成為我的職業的根基。因此，我的教學生涯就是從文化視角開始。

然後我認識了伊夫（Yves Blanchard），他是知名培訓公司的創辦人與經營者，我視他為引領者、導師、「啟發者」。伊夫告訴我創業的甘苦，鼓勵我「工作狂」的一面，本身就是培訓專家的他讓我學到許多。我想透過本書向他致上敬意。

千禧年初，我放下獨立工作，進入迪奧香氛（Parfum Christian Dior）擔任世界旅遊零售（Travel Retail Monde）培訓部門的負責人。對日本的了解，再次為我推開這扇通往頂級世界的大門，因為在二〇〇〇年時，日本人仍是旅遊零售最大宗的客戶。我開始熟悉美妝世界，以及培訓職業、企業以及其權力遊戲的奧祕。

迪奧（Dior）的名字充滿魔法，作家考克多（Jean Cocteau）曾如此描述：「是由上帝（Dieu）和黃金（or）組成」，這個句子從我即將畢業之際就讓我心生嚮往，而且原因其來有自。上個世紀中葉，我的外婆和這位偉大的服裝設計師往來，迪奧先生送給她一條簽名的美麗絲巾，外婆後來將這條絲巾送給我做為畢業的禮物。我喜歡想像，上天眷顧我，讓我進入這個極致非凡的品牌，為我踏進精品世界鋪好了路。我在這裡遇見了我的第二個老闆波塞（André de Bausset），還有我敬愛的合作對象賽格－德蓋特（Emmanuelle Seigue-Deguette），可惜兩人都英年早逝，我將這本書獻給他們。五年後，迪奧將國際教育訓練總監的位置託付給我。這項任務充滿挑戰，我在團隊管理、策略和政治方面都學到很多。

最後，我跟隨前夫到印度，重回創業的懷抱，於二〇〇八年成立專精精品零售培訓的公司。為了向迪奧先生以及他在諾曼地（Normandie）格蘭維爾（Granville）的宅邸致敬，宅邸的地面裝飾著美麗的羅盤玫瑰（rose des vents），因此我將公司取名為 The Wind Rose。

我們是誰？

The Wind Rose 由十個成員組成的小團隊，包括教學設計師、引導員、撰稿人、平面設計師及媒體內容（影片和播客）製作人，將我們的能力結合起來，用於精品產業的人力資源、零售和培訓部門。我們為他們的培訓需求提供支援，像是店內社交技巧、客戶體驗最佳化、提升店經理和培訓師的能力、情感客戶關係經營的藝術，或是當品牌和客戶關係惡化時處理抱怨和不禮貌態度的藝術。我們也打造了有趣的線上學習課程，學習者在電腦、平板電腦或智慧型手機上都能使用。

我們的特色是，在培訓中抱持有如工藝匠人的立場。我們細膩地處理內裡和下擺，外表（我們的幻燈片、影片、數位課程、給受訓學員的手冊）和內部（我們的眾多培訓工具）都要同樣精美。

「和我聊聊您吧」是我們的口號，我們的信念。我們在銷售藝術的培訓時習慣以這段話作結：「只要記住這句『和我聊聊您吧』，您們就勝券在握了！」

對 The Wind Rose 而言，以客戶為中心固然必要，但我們最重視的是對受培訓師的關注，因為他們是鼓舞我們的人，讓我們成長茁壯才是最重要的事。

最後，我要以「自由」一詞與封丹（Jean de La Fontaine）的寓言《狼與狗》結束這篇前言，我很欣賞的年輕哲學家與作家夏薩（Sophie Chassat）讓我重新認識這則寓言故事，在本書中我將多次引用她的語句。

就像那匹狼，在經歷當員工和創業後，我明白到自己並不喜歡項圈。自由，就代表接受遊走在興奮快樂和恐慌之間，代表永遠忙個不停，代表創意和魄力，正是這一切讓我活力十足。

祝各位開卷愉快，永遠忠於自我。

第一部

銷售感性——精品的成交藝術

1 獨一無二的銷售感性

二十多年來，我走遍世界各地，專門為精品領域的零售網絡進行國際培訓。這個選擇再清楚不過，從我最初在職場中的任務就能看出。

我的第一份工作是在 Spa 和美妝香水產業，然後在幸運的機緣下踏進鐘錶珠寶業，認識了「非常高級」的系列和「頂尖銷售人員」（grand vendeur）。如今我轉向訂製服、皮件和高級香水領域。

為什麼要培訓精品銷售人員？

打造培訓課程，突顯品牌的獨特歷史傳承、古老技藝、擁有詩意故事的產品、如藝術品般設計的系列，這些作品就是純然的欲望對象！

我們的使命是以教學和互動方式「轉譯」和訴說所有這些豐富的歷史，讓學習既有效又有趣，帶來難忘的客戶體驗。

零售培訓負責人的任務是確保銷售人員讓客戶擁有最美好的體驗，留下難忘的情感印記，令客戶對品牌的依戀長長久久。如此一來，這些心滿意足的客戶就會變成品牌的熱情捍衛者。

要接下這項攸關商業利益的培訓挑戰，我很榮幸能與極為優秀嚴格的顧問合作，他們和我一樣都是完美主義者。有些顧問出於本能地比其他人更知道如何在人際關係和個人化的巧妙藝術中，找尋額外的靈魂。

The Wind Rose 的創辦人卡維就是其中一位「精英」。我們立刻就發現彼此在培訓方面有共同的願景，「零售即細節」（Retail is detail）這條原則道盡一切，「銷售感性」就是成交的精髓。

她將品牌的整體性和獨特性完美地融合在一起，由於擁有對精湛工藝的敏銳度，她深知如何將這些技藝放入講述故事的核心。她那精準優雅的語言元素，完全符合我們精品世界的高標準。她在各個卓越產業的多樣經驗是寶貴的機會，令我們得以探索其他學習方法，並以健康的好奇心激發精品產業。卡維是可貴的夥伴，極為專業，在我們合作過的各個品牌中，我的團隊都能全然信任她。

銷售現場至關重要的「此時此刻」

我一直對店面的銷售人員懷抱深深的敬意。不同於藝術總監或產品開發，在公司內部，他們的角色常常受到誤解，甚至不受重視，然而他們卻是重要的根基。

銷售人員是客戶關係的關鍵，責任也無比巨大。在長長的精品鏈結中是重要的環節，因此必須要鼓勵他們，重視他們真正的價值。銷售人員就是品牌的大使，是品牌價值的體現，同時也要忠於自我，必須真誠大方又不失征服和表現的策略精神。

與銷售人員正面交手之前，客戶已經透過社群網絡、廣告、客戶關係管理（Customer Relationship Management）和客戶關係經營活動等多個聯絡點接觸過品牌。當客戶推開店面大門時，就是「見真章」的時刻了：他的經驗必須符合品牌的承諾和他渴望的體驗。隨著全通路的加速發展，銷售人員的任務也變得更加複雜，要激起客戶持續造訪美輪美奐的精品店面，銷售人員的能力就是關鍵。

在這個前提下，我很喜歡定期到店內「傾聽現場的聲音」，也就是理解銷售人員和經理的期望，傾聽他們的共同經驗。時時牢記他們的日常現實，我能夠更有效地規劃培訓課程，並不斷讓課程更加完善。

銷售在精品世界中是意義重大的使命：讓客戶獲得特別的物品，實現客戶的夢想。有時候，這是一生的夢想，是二十年的積蓄，只為了將代表性的腕錶戴在手上，或是挽著品牌的招牌包包。這場邂逅遠大於夢想中的產品，屬於「此時此刻」，是客戶關係藝術的一部分。

精品牌提供精緻絕美的創作，以精良手藝、特殊稀有的材質打造而成。客戶的內行與極度挑剔程度更勝以往，購買價值可能是五、六位數，甚至高達七位數！長期下來，銷售人員成功建立的客戶關係品質，才是造成差異的關鍵。銷售人員是客戶關係的藝術家，有如舞者，精通這種細膩的舞蹈編排，配合客戶的節奏，一步一步伴舞，同時以優雅、堅定和尊敬的方式進行談話。

另一個關鍵層面就是對客戶的絕對專注，客戶就是此刻最重要的人。「聊聊我吧」：這就是祕訣！以客戶為中心的問題、積極傾聽客戶、重新措辭表達客戶的意思、沉默，就是這份美好關係的關鍵要素。銷售人員必須褪去過多自我意識，只關心客戶，與之共度的談話時光務必考慮到客戶。

精品消費者往往為「感受」買單

情感顯然也是精品銷售的重要因素。決定購買行為的不是我們的理性，而是情感。我們真的需要這款新香水、這件珠寶、這個手提包、這些不必要的東西嗎？當然不需要！這正是利波維茨基（Gilles Lipovetsky）在《永恆的奢侈》（*Luxe éternel*，*Folio*）中所謂的「無用之用」。為了回應這股夢想的憧憬、對某種超越自我的事物的渴望，精品銷售人員針對我們的感性腦施以魔法。

聖誕節期間到店內支援時，我也體會到珠寶的魔力。一對年輕夫妻走進來，想看看一枚低調鑲嵌著明亮式切割鑽石的陶瓷戒指。完成介紹、呈現、討論和做決定的階段後，我問他們是否還有一些時間讓我準備一個驚喜。

這立刻勾起年輕夫妻的好奇心和情感。我帶著一枚採用長方形切割鑽石、是他們所選款式的高級珠寶版本的戒指回來，由於兩者價格懸殊，這枚戒指絕對不可能與他們購買的戒指搞混，不過這個我稱為「只是好玩」的時刻卻令人難忘。我開心地帶給他們美妙的片刻，他們的眼睛閃閃發光，而我的心跳也變快了。我自認為他們留下強烈的情感印記，也許未來某天他們會回來增添珠寶收藏。

比起講述故事，更需要創造故事

銷售人員必須充分發揮情感的作用，吸引並引導客戶採取購買行為。從這點來看，比起「講述故事」（storytelling），我更喜歡探討「創造故事」（storymaking），卡維在本書中會向各位解釋這兩個術語之間的區別。創造故事的挑戰在於，依照客戶確定的渴望和動機，向客戶表達他選擇的物品會為他、而且只為他一個人帶來什麼，甚至如何訴說關於客戶的一切。

如果這位客戶愛極了一件黑色小外套，是為了外套的象徵地位和歷史嗎？還是因為這個品牌對於斜紋軟呢的專業技藝、貴寶石般精緻的鈕扣，或因為版型結構而無懈可擊的垂墜感，甚至是內裡縫上的細鍊條呢？如果客戶愛上一個包包，是因為包包背起來超級舒服、可以裝一大堆東西，還是因為包包的「經典地位」能夠突顯客戶熱衷時尚，或者是包包有如「戰利品」的一面？如果一名客戶為一只複雜功能腕錶而傾倒，是為了向自己的朋友炫耀，還是為了低調增加收藏？

你瞧，精品銷售的競爭領域有多廣！

客戶關係中另一個非常重要的時刻，情感在其中占據一大部分，那就是售後服務，因為這不單單關乎損壞的產品，更是破碎的美夢。在這個棘手的時刻裡，銷售人員必須以同理心安撫客戶，以此為契機強化客戶對品牌的信任關係。

最後，銷售人員必須秉持內部創業家的心態，也就是每天以嚴謹和活力管理自己的業績，把門市當成自己的事業。這就是我尊敬所有銷售人員的原因，他們最終的責任是要體現頂尖品牌世界的重責大任、面對不容易一絲錯誤的超高要求的客戶、面對激勵競爭和瞬息萬變的商場環境，具備貨真價實的全方位能力和人文素養。

維吉妮．亞努（Virginie Arnoux）

時尚精品牌國際零售培訓總監

2
優雅成交的起點

「我們在工作室，製作的是洋裝。我們在沙龍裡，販售的是希望。」

——克里斯汀・迪奧（Christian Dior）

銷售無疑是世界上最古老的職業！一如社群銷售專家梅席耶（Jean-François Messier）在許多教學中所解釋，銷售的歷史可溯及神話，墨丘里（Mercure，羅馬之神）和赫密士（Hermès，相當於前者的希臘之神）兼具商業之神和旅行之神的職責。公元前七〇〇〇年左右，在希臘、埃及、阿拉伯、印度、腓尼基和衣索比亞都發現了最早的商業蹤跡。但直到十九和二十世紀才發展出銷售的主要技巧。可到本篇末的〈充電小歇〉「百年銷售史」進一步了解。

透過本書，我希望能夠重新賦予銷售應有的地位，因為銷售太常受到貶低，實在有失公平。我想起三十年前在巴黎的百貨公司，一名母親對正值青春期的女兒，說了一句很傷人的話：「要是你不好好讀書，以後就只能當店員！」

每個人都是銷售人員，我們一輩子都在不斷銷售，推銷自己。起初，我們向父母「推銷」我們的渴望和夢想，然後向未來的雇主「推銷」我們的履歷，向我們的老闆和同事「推銷」我們的想法，最後是向客戶銷售我們的產品或服務。過去十年間，The Wind Rose 主要培訓零售業人員（培訓師、店面經理和銷售人員）。而常常遇到的狀況是，部分客戶品牌的總裁，希望團隊整體都在這些方法和技巧中獲得幫助。看到財務長、產品經理或薪酬管理人員，在培訓結束時開心的臉孔，謝謝我們學到可以輕鬆轉移到他們的職業上技巧時，實在很有成就感。有些人甚至告訴我們，他們受到現場銷售的吸引，準備好要轉職了：我們的任務成功了。

融合百年哲學的精品銷售三要素

我在前言中提到自己對人文學科的愛好，因此我忍不住要談談，希臘哲學家亞里斯多德著名的修辭學。公元前三百五十年，亞里斯多德發明了「講述故事」（storytelling）和說服藝術的「三要素」：

1. **人格**（ethos，習俗、使用，後來延伸為處世之道、心態）。這是一個人表現出值得信賴的能力，銷售人員理當如此。
2. **情感**（pathos，痛苦，延伸意思為激情、情感），即激發情緒的能力。在精品領域中，這點是以客戶為中心與動人的故事講述技巧，能夠擄獲客戶的心。
3. **邏輯**（logos，話語，延伸意思為理性、邏輯）。在精品領域中，邏輯思維是三要素中最不重要的。我們購買美麗的產品，主要是跟隨內心情感而不是大腦的理性。卡地亞（Cartier）前總裁及歷峰（Richemont）集團的知名前總裁亞蘭・多明尼克・沛杭（Alain Dominique Perrin）曾貼切地說：「精品，就是情感超越理性。」

寫下這些字句之際，我在領英（LinkedIn）上偶然看見一篇阿布杜爾（Abdul M.）發布的有趣貼文，內容是關於十七世紀到現代，精品銷售與相關銷售人員的角色演變史，甚至對未來幾年作出預測，標題是〈從使役到合作：追蹤精品銷售團隊與客戶之間不斷改變的關係〉。我非常鼓勵各位閱讀這篇文章，從內文的細膩分析得到新想法。在此之前，以下是我翻譯的部分內文節錄，讓我的論點更豐富：

「二十世紀時，對待客戶的方法已經從奴役的貴族準則轉變為建立在關係上的對話……團隊努力激起情感、講述品牌故事、提供超越購買行為的沉浸式銷售體驗。

「銷售人員成為說故事的人、策展人（curators）和顧問……他們展現了品牌的歷史傳承、價值觀和專業技藝如何融入每件產品……二十世紀末到來的數位革命導致深遠的變化。網路已然成為強大的工具，讓客戶能夠在踏進實體店面之前研究、比較和評估產品。只消點一下頁面就能獲得資訊，客戶不再依賴銷售人員才能認識產品。銷售人員成為品牌大使與顧問，引導客戶做出購買決定，而不是強迫銷售。這種變化改變了客戶與銷售人員之間的結構，形成較為平等的關係。他們之間不再是階級關係，而是成為合作關係。銷售人員不再是精品的守門人，而是其合作者，協助客戶在浩瀚的精品汪洋中找到方向。」

向各位說故事之前，我想先定義什麼是銷售儀式或是所謂的「招牌銷售」，也就是將品牌或精品牌的識別標誌融入我們希望讓客戶擁有的體驗。

逐步累積「銷售感性」的關鍵時刻

無論是面對面或數位方式，客戶體驗是你我都會經歷的一連串時刻，但當我們身為客戶時，並不是總能清楚辨別出來，但這正是能累積「情感」，施展銷售感性的關鍵。

在精品產業中，依照不同領域和相關通路，可列出七到十個關鍵能力：

1. 細膩的觀察力
2. 接待或連結
3. 以經過調整的提問了解客戶
4. 例行展示
5. 試穿戴儀式
6. 以浪漫方式介紹設計品
7. 額外建議

8. **對異議或要求談判的處理**
9. **自信的成交**
10. **經營客戶關係**

為什麼精品銷售必然連結情感？

一九九〇年代到千禧年間，隨著神經科學出現，「情感銷售」與「以客戶為中心」的概念也隨著興起。誘惑和極度個人化也加入銷售對話。

若說一九七〇年代談的是硬性銷售（hard selling），那麼在二十一世紀，我們談的就是本心銷售（heart selling）。我們開始講述令客戶心跳加速的故事，故事講述成為不可或缺的部分。史蒂夫（Steve Jobs）以亞里斯多德的故事講述原則，建立起自己的傳奇，激勵數百萬人，尤其是精品牌，以蘋果（Apple）做為最佳基準。

我建議各位聽聽，賈伯斯當年在史丹佛大學發表的演說，其中提到關於故事講述的部分，他說出很經典的一段話：「今天，我想分享我的職業生涯里程碑的三則故事。就這樣。沒有什麼特別的。就是三則故事。」

二十多年來，精品憑藉想像力的資本，發展出敘事行銷策略，開始讓銷售人員成為說故事高手。而這一切都產生了一種典範轉移的變化：從純粹的交易方式轉為情感關係。我們從執迷於產品與其特點，轉向細膩的的手法，也就是將品牌的歷史、系列和產品的靈感與客戶的個人史連結串起。

我們不再討論「銷售」，而是討論如何激起購買慾。以下就是解釋這種轉移的圖表。

博伯利（Burberry）前執行長和蘋果前零售與線上銷售部門執行副總裁阿倫茲（Angela Ahrendts）都曾說過：「踏進商店時，我不想被推銷。不要推銷！千萬不要！因為這反而會讓人打退堂鼓。打造精彩的品牌體驗，一切就會水到渠成。」她說得沒錯：事實證明，愈不顯露銷售企圖，反而愈容易成交！

此外，在 The Wind Rose，我們比較喜歡用「對話」（conversation）一詞而非「銷售」（vente），因為前者暗示關係充滿人情味，也暗示「去商業化」。

此處的概念，是讓客戶忘記你是銷售人員而他是購買者，你是在和一個人說話，而不是談論某個東西。你可以更進一步，試著忘記自己要販售東西，以便更專注在對話者

	從交易方式……	到情感方式
接待	透過產品連結	非商業連結
發現需求	以產品為中心的問題	以客戶為中心的問題
選擇	介紹特點	介紹益處
協助決策	以技術手段成交	以情感手段成交
忠誠度	商業後續	關係後續

身上……這並不容易，但效果絕佳！

疫情後的精品銷售挑戰

精品銷售的現況是什麼樣貌？數位革命和幾年的疫情讓局勢大洗牌，深深改變了銷售這一行。重點不再是在鋪著厚地毯、裝潢華美又香噴噴的店裡，在展示櫃或櫃檯後巴望熟客上門。不，時代已經不同了。如今關乎的是銷售人員要拓展能力：

1. **當個「獵人」**：培養創

業家精神和社群銷售的高超能力，運用社群網絡和膽量接近、吸引和說服潛在客戶。

2. **當個「喚醒者」**：展現主動積極和創意，將店面視為自己的公司，讓「睡著」的客戶回到品牌。

3. **當個「遠距銷售人員」**：能夠讓客戶不必看到、碰觸、試用產品，也無需面對面仍能享受感官體驗。

4. **當個「夥伴」**：打造深刻的連結，為單純購買產品增添額外的靈魂。

5. **當個「知識淵博的顧問」**：懂得傳達品牌在永續發展（原料來源、遵守公平貿易、品牌對支持環境和社會的承諾）方面，所採取的行動。

這些都不是強制規定，而是要學習的。這些新的能力令銷售人員和品牌與歷史悠久的品牌的任務變得更加複雜，但也使精品銷售員變得更加珍貴。

精品銷售的藝術

一如我們所知，銷售是一門藝術。在 The Wind Rose，我們喜歡將銷售人員比喻為舞者，頂尖銷售人員（grand vendeur）則是明星舞者。因為這門藝術是在大膽與同理、商業精神和詩意、數學和文學之間「起舞」。正是這種同時需要靈活度、方法、心靈智慧、記憶、熱情和許多其他才能的獨特「舞蹈」，十五年來，我們接待來自各品牌託付的無數受訓學員，接受培訓或是現場指導。

我要引用好友夏薩（Sophie Chassat）的話做為總結，二〇一四年時她以優美的文筆為 The Wind Rose 的第一個網站寫下這段話，開頭如下：

「精品零售的藝術在於不心存任何僥倖，將每一個銷售機會轉化為品牌與客戶之間一場難忘、獨特與美妙的邂逅。」

現在，我邀請大家一起認識精選的銷售真實故事，希望其中的普遍性將能為您所有的客戶關係帶來啟發，即使離精品世界很遙遠也無妨。

充電小歇

- ✧〈銷售技巧的精彩歷史圖表〉（L'infographie de la fabuleuse histoire des techniques de vente），LinkedIn 文章，2015. 9
- ✧〈重溫百年銷售史〉（Revivez un siècle d'histoire de la vente）文章。
- ✧阿布杜拉齊．穆罕默德（Abdulaziz），又名阿布杜爾．M（Abdul M.）在其 LinkedIn 頁面上，顯示為沙烏地阿拉伯皇室的金融與藝術投資顧問。同時，他熟知精品產業的心理學，對極為富有者的心態了解入微。不妨閱讀他於二〇二三年八月三日在 LinkedIn 上刊登的〈從僕役到夥伴：了解精品銷售團隊與顧客之間關係的改變〉（From Servitude to Partnership: Tracing the Changing Relationship between Luxury Sales Team and Customers）。

3 如精品般的對話感性

和我聊聊您……

這則故事發生在 The Wind Rose 還只有我一個人的時候。在經歷幾次老字號品牌和新創潮流品牌向我提出服務需求，我卻在做完簡報後感到挫敗，才明白到即使一切都沒出錯，也不保證一定會有好結果，必須事先預想所有可能，像個要上場的運動員那般準備萬全，同時又要顯得輕鬆從容，幾乎毫不在意，不露出推銷的渴望。

某天早上，電話響起時我正在辦公室裡，耳畔響起的名稱是精品世界中，所有顧問夢寐以求的頂尖時尚品牌。我的心臟狂跳，但我努力表現得若無其事，問了關於專案主題、目標族群、培訓時間、使用的語言、可執行的日期等常見問題。

零售世界令人畏懼的品牌總監的女助理，一一回覆我的問題，簡潔扼要，告訴我這是關於皮件產品和銷售藝術的培訓專案，最後以這句話結束這通電話：「我要向您強調，這是招標。目前包括您共有三間公司競爭，此階段我們要的不是書面提案，而是下週與X女士面對面簡短介紹您的公司與您的作法。十五分鐘就夠了。」

我開始幻想與知名品牌簽下合約，這能讓我的公司獲得認可並提高身價，但是我的內心深處一陣小小的聲音立刻對我說：「這太遙不可及了，你太渺小，做不到的……」幸好另一個聲音立刻蓋過第一個聲音：「去讓自己更有自信、參加一場精彩的競賽，這樣就很棒了，你沒什麼損失呀！」

於是我開始思考這場企業對企業（B2B）推銷的最佳切入角度。我有兩個選擇：

第一、以常見方式介紹我的公司、其獨特之處與服務。

第二、將對話引導到對方、她的品牌和相關專案上。

雖然我對第一個策略駕輕就熟，卻覺得太平庸也不夠大膽。於是我著手準備嘗試第二個策略，可以完美表現對話藝術的手法，就像我們在 The Wind Rose 所解釋與捍衛的作法，也就是減少或不談論自己、自家產品或服務，把焦點放在客戶一個人身上。

精心準備，不如一場深刻談話

面談那天，我帶著決心要驗證我的哲學，彷彿是為了再次說服自己這種做法效果。我的心情相當平靜，因為我把這場會面當成練習，不計得失。反正不是全有就是全無。

女助理把我介紹給一位美貌與氣勢驚人的女性。我立刻注意到她那身令全世界女人都嫉妒的巴黎女人穿著：擅長混搭 Zara 牛仔褲和她所代表的品牌、做工精緻的外套。辦公桌下露出以紅底著稱品牌的漂亮高跟鞋。一頭精心打理的一頭金色秀髮，宛如瀑布般柔順地垂落肩頭，十指蔻丹完美無瑕。她坐在辦公桌旁，低頭瘋狂查看智慧型手機，同時用另一支手機講電話，一只最新系列的高級鱷魚皮包包隨意放在一旁的地上。

看到我杵在那兒不知所措，她很不高興，指指一張椅子示意我在她對面坐下。

我親眼目睹了讓人難忘的一幕，後來我常常描述這件事，激勵參加培訓的學員。她提高聲音，雙眼從手機螢幕上的訊息移開。她氣到失去控制，似乎不是忘記我的存在，就是已經不在乎了。

我表示自己可以離開現場，以免讓她感到難堪，但是她沒看到我，那通電話的緊繃氛圍令她完全沒有意識到場面有多麼荒唐。於是我被迫聽著一來一往的談話，很快就明白電話那頭是她的女兒，女兒做的某件事害她氣壞了。

她終於掛掉電話，既惱火也有點尷尬，最後看著我。那場預計十五分鐘的面談時間所剩無幾。我振作精神，聽見自己同情地對她說：「女兒嘛，就是很麻煩。我了解，我自己就有兩個女兒，我自己是少女的時候也把母親氣的半死……」

我微笑望著她。她的臉孔因為爭吵而泛紅，她問道：「您是哪位？」表明我的身分和來訪目的後，我告訴她，考慮到目前的狀況，我們可以另擇他日再進行這場會面。

出乎我的意料，她竟然問我：「您的女兒幾歲了？」接下來是一段極為私人的對話，關於和青少年溝通、母女關係、全職工作同時又要保留和孩子相處的寶貴時光，可想而知有多麼不容易。她逐漸卸下商場女強人的面具，現在向我傾訴她的擔憂、她的不足之處、她的愧疚。我安慰她，最重要的是，稱讚她能夠兼顧成功的職業生涯和多口之家的母親，因為叛逆的女兒是三個孩子中的老大：「我好佩服您的能力！您擔任這麼重要的職位，同時還照顧三個孩子，真是太了不起了！」

時鐘轉啊轉，已經十二點三十分，助理突然闖進辦公室，提醒她接下來的午餐會議。接著不可能的事情發生了：這名令人畏懼的總監用一句「我現在沒空，取消吧」打發了助理。然後她對我說，提議一起吃飯，繼續我們的談話。

直到這頓飯都快吃完了，她才終於決定對我透露手提包專案的概要，並問我幾個關於我的公司和我認為自己對這項任務，能帶來什麼貢獻的問題。

我用幾句慎重的話表達我對專案的願景，以及我想到的培訓解方。她一臉興味盎然地看著我說：「我不知道您是不是優秀的培訓師，但您絕對是個優秀的銷售者！」

看我滿臉疑惑，她繼續說道：「您從頭到尾只談論我，只專注在我身上，完全沒有試圖推銷自己，這就是我對現場團隊的期待。您說服我了，我們一起合作吧！」

生意就這樣談成了！

故事寓意

我建議著重三種才能：談話的藝術、以顧客為中心、讚美的力量。

談話的藝術

談話的藝術是純粹的法國文化產物。從十七世紀直到法國大革命，「沙龍女主人」，也就是像妮儂．朗克洛（Ninon de Lenclos）或斯塔爾夫人（Mme de Staël）深具文化素養的女性致力舉辦這種社交活動，邀請哲學家、學者、藝術家和作家成為座上賓。這項活動一直持續到十九世紀才完全消失。茱麗葉．雷卡米耶（Juliette Récamier）就是舉辦沙龍的最後一群之一，她的宅邸距離我的辦公室約兩百公尺，當時政壇、文壇和藝術界最出色的名人皆齊聚一堂。

獲得四項凱撒獎（César）、演員陣容龐大的電影《荒謬無稽》（*Ridicule*）就精彩演繹沙龍女主人唇槍舌劍的時代。這部電影成為經典，忠實重現十八世紀的文學沙龍。

書信體女王塞維尼夫人（Mme Sévigné）不就曾說，一小時的對話更勝五十封信嗎？在數位、社群網絡和追求即時性的時代，對話比以往更受青睞；在連結變得無比緊密卻又如此疏離的世界，相互性和人性已然成為必要。讓我們先來快速了解「conversation」（對話）一字的字源：拉丁文「conversatio」來自「conversor」，原本意指「一起生活」。不是透過小小的螢幕，而是與他人一起。隨著時間過去，

「converser」（對話的動詞）變成文明的同義詞，對話不只是與他人說話，更重要的是懂得如何與他人相處。

「對話需要全心全意，對他人的注意力、交流、沒有目的性，發自內心，是沉默和人的價值，是充滿不確定的道路。對話就是互相認可，但是連結起在場每個人的無形脈絡不可被打斷。」

——大衛．勒．布雷頓（David Le Breton）

巴黎的人生學校（The School of Life）校長奧傑（Fanny Auger）是該主題的專家，也是 The Wind Rose 的合夥人，正如她在著作《談天說地的中場休息》（*Trêve de bavardages*）的建議，她說「如果我們在公司內部，與同事和客戶復興這項法國文化的談話藝術。對話就是一場冒險，一段旅程，出發時輕裝上路，但在旅途結束時，我們的內在更豐富了。」

對話對於社交生活是必要的，對我們與客戶的關係也是不可或缺，甚至是基石之一。培養隨性的能力，也就是交談與即興發揮的自由度，就是讓談話豐富有趣的最佳祕方之一。

在大西洋的另一頭，人們稱這種談話為「small talk」。某天我認識了深諳這項能開啟無數大門的藝術的高手，那就是范恩（Debra Fine），她是《和任何人都能聊出好印象》（*The Fine Art of Small Talk*）的作者，法文版亦有平裝本，書名是《小談話的大藝術》（*Le Grand Art de la petite conversation*）。

根據范恩所說，祕訣在於利用對話者帶來的所有資訊來持續對話。依照對方說的話、衣著打扮、辦公室的陳設、裱框的相片，永遠都能找到新的談話主題。她也提到，每一次開啟對話，無論是以肯定句還是疑問句開始，都要準備好「挖掘」，如此對話者才會感受到你是真的感興趣。

成功談話的另一個關鍵，就是真心以待，也就是能夠立刻說出某些個人的事物，並運用對話者與自己的故事之間的共同點：如此能夠鼓勵並促使對方敞開心房，讓關係立刻顯得人性化，而且立即徹底改變關係。我告訴對話者我也有女兒，這件事立即拉近我們的距離，讓我贏得她的注意力，若我停留在非個人的層面，是不可能得到如此注意的。

最後，銷售的對話必須加入大膽的一面，我在這裡要引用安娜．溫圖（Anna Wintour）對這種特質的精彩定義，她是美國版《Vogue》雜誌令人敬畏的總編輯，也是電影《穿著 Prada 的惡魔》（*The Deveil Wears Prada*）中米蘭達．普瑞斯利角色的靈感來源：「就算你沒有信心，也要假裝有信心，因為對大家來說事情就容易多了。大部分的人都猶豫不決。但我很快就做出決定。在我們生存的世界，一切都關乎本能、速度和反應能力。」

投其所好

您或許也聽過「對我說說我，我只對這個感興趣」（Parlez-moi de moi, il n'y a que ça qui m'interesse）這句名言。聽聽琵雅（Guy Béart）和摩露（Jeanne Moreau）在一九八〇年發行的歌曲，歌名是〈對我說說我〉（*Parlez-moi de moi*），歷久彌新……

這項追求是跨文化的，因為無論客戶來自哪種文化，他們都會很感激你的對話圍繞著他們。我在距離巴黎千里之外的地方屢試不爽。在首爾飛往巴黎的夜間航班上，某天，或者說某個夜裡，我的旁邊坐著一名韓國商務人士。他甫坐定便打開電腦，埋首工作。那時是午夜，經過連續四天的活動後，我的睡意席捲而來。不過當我放倒椅背準備睡覺時，我看見他的電腦桌面閃過 LVMH 集團旗下七十個品牌之一的標誌。於是我決定等到上飛機餐的那一刻，那時候我就可以開始和他談話了。

正如我意。那位鄰座人士闔上筆記型電腦，現在正啜飲一杯香檳放鬆。就在此時，我說：「恕我冒昧，不過我想我們都在同一個產業工作……我無意中在您的電腦螢幕上看見貴公司的名字……」

我的對話者起初有點不自在，但在酒精的催化下，他漸漸露出笑容，談話就此開始。我問他一些問題，關於他的職業、他到巴黎的原因、他對法國的了解，我也問了關於首爾、他的家人、他的嗜好、他的生活。三十分鐘後，不僅他拿到我的名片，更重要的是我拿到他的名片（這才是重點！）。他是一個高級美妝品牌的法務總監，不過他答應會把我的聯絡方式交給教育訓練總監，他將後者的名字告訴我，而我打算一抵達巴黎後就與對方聯繫。但不勞我費心，因為兩天後教育訓練總監就打電話給我，並將一項任務託付給我。

巴紐（Marcel Pagnol）說：「無趣的人會對你談論自己，多話的人會對你談論他人，而和你談論你的人則是出色的健談之人。」

談話在銷售中就是一場誘惑遊戲，我們無須隱瞞這一點。其規則和愛情遊戲都依循相同的模式。打從見面的第一秒起，打從有時因為必須破冰而令人害怕的那一刻起，祕訣就是談論對話者，並且在心中記下對方在交流過程中，告訴你的所有「無意義」的資訊。

二〇二〇年，在封城期間，我拍攝一堂以談話的藝術為主題的大師課程，強調要記住每一條收集到的資訊以便稍後再度運用。我以這句話作結：「最後，千萬別忘了貓的名字！」

某次我為一個珠寶品牌以這個主題進行培訓時，一名年輕女性把她的祕訣告訴我：不論客戶是男是女，當他們來到你的面前，而現在輪到你有所行動時，只要以「和我聊聊您吧……」或是「都跟我說吧」開頭就可以了。這個單純無比的句子很神奇，有如打開保險箱的鑰匙。客戶在這道親切的命令下會敞開心扉，向我們透露自己的渴望，讓我們了解他們的夢想。

「這裡沒有陌生人，只有您尚未邂逅的朋友。」

——威廉．巴特勒．葉慈（William Butler Yeats）

讚美的力量

最後，出色的讚美能吸引對話者的興趣。但是必須謹慎，讚美永遠都要有理由，否則讚美會顯得不真誠、帶有商業目的。讓我用戴波拉．費恩的話闡述我的觀點；她認為讚美突顯我們欣賞的獨特之處，而「出色的讚美」則能更進一步，因為能為談話提供素材：「我好喜歡您的洋裝（讚美）。這個顏色很襯您的眼睛顏色（出色的讚美）。」

充電小歇

✧ 電影《荒謬無稽》（*Ridicule*），派提斯・勒貢（Patrice Leconte）執導，一九九六發行。

✧ 大衛・勒・布雷頓（David Le Breton）於二〇二三年一月二日發表於《世界報》（Le Monde）專欄的文章。大衛・勒・布雷頓是社會學家與人類學家，也是史特拉斯堡大學的教授。

✧ 史戴凡・普佐（Stéphane Pujol）的文章，刊登於二〇一三年特別號的《Influencia》雜誌。史戴凡・普佐是巴黎第十大學（Paris Nanterre La Défense）的講師，也是專門研究哲學對話的研究員。

✧ 芬妮・奧傑（Fanny Auger），《談天說地的中場休息：找回談話的滋味》（*Trêve de bavardages-Retrouvons le goût de la conversation*），

Éditions Kero 出版，二〇一七年。

✧ 戴波拉・范恩（Debra Fine），《和任何人都能聊出好印象：直套公式範例！從問話、回話、搭話到優雅結束，無論三分熟或點頭之交皆能溫暖破冰，盡顯才華本事與人際自信》（*The Fine Art of Small Talk: How to Start a Conversation, Keep it Going, Build Networking Skills*）

✧ 阿里・班瑪庫路夫（Ali Benmakhlouf），《談話做為生活方式》（*La Conversation comme manière de vivre*），二〇一六年。

✧ 《穿著 Prada 的惡魔》（*The Devils Wears Prada*），大衛・法蘭柯（David Frankel）執導，二〇〇六年上映。

✧ 康絲坦絲・卡爾薇的大師課程影片，二〇二〇年，The Wind Rose 網站（部落格區）。

✧ 我也鼓勵您聽聽美國記者瑟列斯特・赫莉（Celeste Headlee）的

TED。憑藉數十年擔任電台主持人的經驗，她用十二分鐘剖析掌握談話藝術的十條法則：

1. 傾聽。
2. 不要一心多用。
3. 不要自負地高談闊論自己的知識。
4. 使用開放式問題。
5. 讓人表達意見，不要打斷。
6. 如果不知道，就說不知道。
7. 不要把自己的經驗與對話者的經驗相提並論。
8. 試著不要重複講同樣的事。
9. 有話直說。
10. 保持簡短俐落。

4 勾動靈魂的提問

別以貌取人

這個故事是一位知名法國珠寶品牌的美國銷售顧問告訴我的。場景位於紐約的麥迪遜大道。那天已近傍晚。一名六十多歲的男子一臉憂心，像一陣風急匆匆地進門，擾亂店內柔和靜謐的氣氛。

接待他的年輕女子叫做艾蜜莉。她是銷售新手，在這間店工作才第二個月，在此之前沒有任何經驗。到職以來，她的角色就是接待顧客、帶他們入座、請他們稍候、端上飲料和點心，觀察、傾聽、在心中記住所有細節，以便在時機成熟的那一天也能出擊。

這天店長不在，她的同事卡洛琳忙著招呼一對正在選訂婚戒指的情侶。因此艾蜜莉逃不掉，只能盡力讓客戶滿意了。這個客戶滿臉鬍渣，頭髮蓬亂，穿著髒兮兮的牛仔褲。她注意到他的鞋子上滿是泥土，指甲也是黑的。她不安地看了同事一眼，後者示意要她放心，然後她請客戶入座，端上一杯水。

他立刻提出要求：「我在整理長島家裡的花園時，用鏟子挖到一顆石頭。我想起今天是太太的生日，但我沒有準備禮物。所以我立刻就跳上車過來了。」

接著，艾蜜莉出擊了：

「您在找什麼樣的珠寶呢？」

「我完全沒概念。是您要幫我啊，小姐。」

「夫人喜歡玫瑰金、黃金還是白金呢？」

「噢，您問倒我了。我不關心這些。我只想要好好寵她！」

艾蜜莉感覺手心冒汗，心跳有點加快。她向卡洛琳發出無聲的求救，但卡洛琳正在專心談生意，沒有看到她的信號。於是艾蜜莉嘗試另一個問題：

「先生，您的預算是？」

「噢，我快窮死了，股票大跌，害我賠了一堆錢。」客戶不耐煩地回答。

成功了！艾蜜莉終於有一條線索。請客戶稍待片刻後，她飛奔到存貨區，打開盒子，帶著托盤回來，上面擺著一條項鍊、一條手環和一只戒指，價值在五千到兩萬美元之間。為了能說出好的理由，她特地選擇品牌的經典系列，她熟知每一件設計的歷史、靈感和特色。

她把托盤放在客戶面前，從最昂貴的單品開始向他逐一描述。這位先生聽完第一件設計的介紹後便請艾蜜莉停下，在看了掛在項鍊上的標價後，露出半笑半惱的表情。

「我是很窮，但也沒窮到這地步！」

艾蜜莉頓時面無血色。幸好，她的同事卡洛琳送別顧客後，帶著迷人笑容出現了。她在經過一番討價還價後成功說服了那對情侶，那對情侶終於決定款式。卡洛琳為該品牌工作十五年，進入這間店已有五年，最初在邁阿密和比佛利山莊的店面工作，由於業績出色，獲得提拔進入旗艦店。

卡洛琳臉上堆滿笑容，親切地問候對方：「噢，史密斯先生，您好嗎？好久不見了。什麼風把您吹來啦？」

「今晚我要帶一份禮物給瑪麗，是她的生日。」史密斯先生淡淡的回覆。

卡洛琳回應：「想到我們品牌當做慶生禮物真是太好了！謝謝您的大駕光臨。」

卡洛琳示意艾蜜莉跟她到存貨區，然後兩人一起離開片刻。

卡洛琳對艾蜜莉說：「妳可能不知道，不過史密斯先生是我們最大的ＶＩＣ（Very Important Customers）之一。去年，他送了一間公園大道上的公寓當做太太的生日禮物！」艾蜜莉驚訝得差點跌倒。誰能想到眼前這個頭髮髒兮兮、滿臉鬍渣、不修邊幅的傢伙，竟然會為了一份生日禮物花費天價！

卡洛琳從箱子裡拿出一套華美的珠寶，是剛從巴黎送來、僅此一件的作品。當艾蜜莉努力想像她能用這筆預算買什麼的時候，卡洛琳優美地敘述系列中，每一件珠寶的設計理念與故事。

沒過多久，客戶便離開了，他帶著包裝精美的禮物，小心翼翼地藏進牛皮紙袋，準備回家給太太一個驚喜。

故事寓意

讓我在這裡分享三大方針：《麻雀變鳳凰》症候群、將以產品為中心的問題，轉化為以客戶為中心的問題、積極傾聽。而第四個方針，即重新措辭的藝術，其效果常常遭銷售人員過度低估，然而卻是公認的強而有力。

《麻雀變鳳凰》症候群

大家一定都記得電影《麻雀變鳳凰》（*Pretty Woman*）中的三場購物情節。方才故事中的艾蜜莉想必太年輕，沒有看過這部電影。茱莉亞・羅勃茲（Julia Roberts）穿著迷你裙、超短上衣和過膝長靴，踏進羅迪歐大道上的第一間店。店員瞧不起她，把她請出門。然後她在李察・吉爾（Richard Gere）的陪伴下，在第二間店花大錢，穿戴一身漂亮的衣服和帽子，提著一大堆購物袋離開。最後她回到第一間店，給那兩名女店員一個難忘教訓。

精品零售業是最不能以貌取人的產業。許多銷售人員告訴我與那些外表不起眼的人，以驚人金額成交的故事。沒化妝穿著運動褲的女人，穿著短褲球鞋、頭戴棒球帽的男人，他們外表沒有一絲財力雄厚的跡象的人，卻花費天文數字，而那些衣著光鮮華麗的刁鑽客人反而花得很少。

在The Wind Rose，我們當然會提醒學員這股現象，尤其是他們剛在這一行起步的時候，不過我們會教他們從一些細微差別判斷。雖然精品產業的客戶，常穿著休閒隨便，他們的態度、姿態、用字遣詞和他們的配件卻會「洩漏」他們的身分。因此務必注意他們的非言語舉止，因為這可會透露不少事！

麥拉賓（Albert Mehrabian）是「七、三八、五五法則」的發明者，又稱「3V法則」，也就是：

1. 這七%的溝通是透過文字＝言語（Verbale）
2. 三八%的溝通是透過聲音的音調和音量＝聽覺（Vocale）
3. 五五%的溝通是透過臉部、肢體語言或姿態＝視覺（Visuelle）

拉辛（Racine）在《布利塔尼可斯》（*Britannicus*）中優美地如此敘述：「您在我眼中沒有祕密的語言，因為我會聽見您以為無聲的目光。」

至於配件的選擇（口紅、腰帶、太陽眼鏡、拐杖、珠寶、未必昂貴的腕錶或袖扣、帽子、鞋履……）也絕對不單純，因為這會透露出穿戴者個性的某一個面向。

另一位作者也精彩地描述配件的力量，是作家與劇本作家施密特（Éric-Emmanuel Schmitt）。讓我們來聽聽他怎麼說：

「配件之所以重要，因為這往往是我們在看見全貌之前所查覺的細節。包包會透露女人希望被如何看待，帽子訴說當下的心情，腰帶流露私密的品味，項鍊突顯肌膚的質地……配件構成一種語言。配件很健談，有時太多嘴，發表太不恰當的念頭。配件背後，真相閃閃發亮……」

我們以這些無比正確的話為基礎，建議學員用心觀察客戶的配件，最重要的是讓配件的主人談論它們。

我忍不住要用一則軼事來說明我的論點。這個小故事，是一位知名皮件品牌的頂尖銷售人員告訴我的。事情發生在巴黎。某天，一個四十多歲的男子匆促地把單車停在店門口，直奔櫃檯，幾分鐘內就選定一個不到一百歐元的鑰匙圈，要求禮物包裝，同時一邊結帳。這位銷售員仔細觀察他。雖然客戶一身運動風格輕裝，卻穿著法式袖口襯衫搭配精美的袖扣。銷售人員稱讚客戶，問他是否常常配戴袖扣。忽然間，這名客戶不再顯得趕時間，說自己收集袖扣，擁有超過兩百副。於是，銷售人員問他是否有可以裝入所有袖扣的收納盒。接下來的情節應該不難想像吧！這位頂尖銷售員讓客戶夢想擁有一個量身打造、能夠隨心所欲地設計和個人化的盒子。訂單幾天後就能完成。

用冰山理論，挖掘出情感最深的連結

你一定聽過開放式問題。封閉式問題只能帶來「是」或「不是」的答案，開放式問題（為何、為了誰、如何、何時、何地、和我聊聊……或是告訴我……等做為開頭）則能促使對話者停頓一下思考，帶來更開闊豐富的答案。

瞧瞧裘德・洛（Jude Law）主演的《阿飛外傳》（*Alfie*）這一幕。場景在花店。花店老闆的才能，是讓阿飛開口談論最新擄獲芳心的對象，後者由莎蘭登（Susan Sarandon）飾演：「和我聊聊她吧……」阿飛用來描述心中所想的女人，他每一個形容詞，都會連結到一種花，最後變成可人的花束！

花店老闆當然也可以問阿飛，正在找哪種花或是他的預算。但他更進一步。他對將收到花束的人充滿興趣，以三兩個切中主題的問題，就讓阿飛在心中想像他與這個女人的浪漫關係，並讓阿飛的思緒飄到花店之外。

他運用的是著名的冰山理論（théorie de l'iceberg）：客戶就像冰山。我們只能看見、察覺他們呈現出來或期待的一〇％，也就是表面的可見部分，例如一個想要用鮮花討女人歡心的男人。我們要穿上蛙鞋、戴上面罩，放膽潛入水裡，才能發現那隱藏的九〇％，那不可見的部分，他們沒說出口的夢想、他們的恐懼，他們的情結、他們的懷疑、他們的悔恨，在阿飛的例子中，則是他想為當下征服對象帶來驚喜的渴望。

年輕的艾蜜莉採取的作法，也就是以產品為中心的問題本身並不差勁，但這樣的問題無法讓我們多了解客戶。以客戶為中心的問題則能更進一步，能夠獲取關於客戶的寶貴資訊。

從以下表格，就能看出以產品為中心和以客戶為中心的問題的差別。

在這則故事裡，該問的「關鍵」問題是：「上次生日，您送了太太什麼禮物呢？」

光憑這個問題，艾蜜莉就能從容不迫地，選擇與前次購買價值相當的一件或一套珠寶。

以產品為中心的提問	以人為中心的提問
「您在找哪一種珠寶？」	「您要如何慶祝這個場合呢？」
「您想要哪一種顏色的黃金？」	「她戴哪一種顏色最常被讚美？」
「她喜歡耳環嗎？」	「和我說說她習慣配戴的珠寶……」
「您在特別找什麼嗎？」	「她的珠寶盒裡少了什麼嗎？」
「她戴吊墜項鍊嗎？」	「告訴我她最喜歡／心愛的珠寶……」
「您在找哪種項鍊呢？」	「形容她的穿衣風格……」
「她會喜歡這只戒指嗎？」	「您能想像夫人戴這枚戒指嗎？」

許多學員反對這類問題，覺得很侵犯隱私。因此，我們建議他們詢問客戶是否「允許」問一些問題，以軟化請求，也不會令客戶感覺被質詢：「我可以問您幾個問題嗎？」

下面是瓦萊莉．貝涵（Valérie Perrin）在動人的小說《為花換新水》（*Changer l'eau des fleurs*）中的段落，正說明了問題的力量：

「我們可以聊聊您母親

的喜好。雖然我說『喜好』，但不見得是戲劇或跳繩。就只是她最喜歡的顏色、她喜歡去散步的地方、她聽的音樂、她看的電影、她有沒有養貓、養狗、種樹，她如何照料自己、她喜歡雨、風或太陽嗎？她最喜歡哪個季節……」

你會注意到，以客戶為中心的問題常常是開放式的，這些問題好處多多，能帶來以下效果：

1. 成功挑選出與客戶的故事與期待有關的事物
2. 一個或多個額外銷售
3. 較少或沒有反對意見
4. 提出與客戶的故事有關、符合客戶狀況的關心所帶來的驚喜
5. 有效的客戶關係經營

把發言機會留給顧客

傾聽是銷售的關鍵。銷售人員（包括我在內！）常常太多話。我們必須學習保持安

靜，讓沉默成為我們的盟友，將交流的時間用在提出好問題上，而不是一股腦談論我們對產品的了解。墨菲（Kate Murphy）是《紐約時報》（*The New York Times*）的記者，對她而言，傾聽就像一種冥想：「傾聽不只是聽見，因為大部分的訊息都是非語言的。要領會對方流露的一切，目的不僅是為了了解對方說了什麼，更是要了解他想說表達的意思與感受。」

你或許認識帕雷托法則（loi de Pareto），也就是八〇／二〇法則（principe des 80-20），根據該法則所言，大約八〇%的結果是僅由二〇%的原因所致。我們常常看到銷售人員花費二〇%的對話時間關注客戶、向他們提出問題，其餘八〇%的時間則試圖銷售。但有趣的是，這並沒有奏效……如果把作法倒過來呢？如果我們將八〇%的時間花在摸索、讓客戶開口，二〇%的時間用在銷售呢？

我們在銷售服務時也應用這條法則，上述故事已經充分證明它的效果，但由於多數人習慣於待在舒適圈，也就是談論我們掌握的事物，這是人之常情，不過我向你保證，以我們推銷的產品或對其了解為中心的作法，所帶來的效果奇差無比，因為這把客戶和他的情感排除在外。

對發展出積極傾聽概念的美國心理學家羅哲斯（Carl Rogers）而言，我們要關注的是「情感」面，而非「理性」面。依他所見，好的傾聽是向對話者展現尊重和善意，有助於建立信任。對羅哲斯來說，懂得傾聽，就是將對方視為世界上最重要的人。

繁體中文裡，有一個字美妙地涵蓋這一切。注意構成這個字的五個元素或「部首」，很有教育意義：我們用耳朵、用雙眼、用心傾聽，給予對方無條件的注意力，彷彿他就是國王，不讓自己有一絲分心。

多言必失

在所有的銷售中，了解客戶至關重要，在精品銷售中更是如此，但是和客戶太要好也會有一定風險，莫納斯特里歐（Nathalie Banessy Monasterio）告訴我的這則軼事就是如此。這個故事是一間高級內衣店的負責人告訴她的，我們姑且稱她為歐坦絲吧。

歐坦絲是活潑機靈的銷售人員，和客戶很熟，與他們保持友好的關係。品牌董事長夫人是忠實客戶，經常來看她，總是在傍晚上門看新品。這一天，她看中一件絲質與加萊蕾絲（dentelle de Calais）的睡袍，愛不釋手。歐坦絲微笑著告訴她，其實這正是她會喜歡的。而且，歐坦絲還向她透露，她的丈夫已經前來買下睡袍給她了。這一定是之後的驚喜。顯然夫人沒收到這份禮物。而歐坦絲永遠無法原諒自己的錯誤。

了解客戶固然是好事，但保密才是精品銷售人員的最重要的特質，因為常常要了解關於客戶許多極為私人的細節，無論如何都不可以告訴其他人。另一個重要的點是，不要代替客戶做決定、代替他們思考。這麼做太冒險，而且也不是客戶對銷售人員的期待。精品產業中的銷售，必須時時刻刻保持警覺和反應能力。

重新措辭的藝術

許多關係的複雜性來自人們難以「真正」互相理解。

- 每個人都「以為」了解對方，想要以最快速度「回覆」。
- 人際關係中的首要「禮儀」，在於向對方證明我們理解他，理解談話中的狀況，無論是否同意對方。
- 這是體貼的徵詢意見，以確認我們對於對方論點的理解：「如果我理解正確，您希望……」、「簡單來說，您的想法是……」、「您希望……，對嗎？」

- 這就像一面無形「鏡子」，我們在自己面前舉起一面鏡子，讓對方能夠在鏡中認出自己。結果是一連串的「是」，讓你能夠客觀且充滿信心地成交。
- 這是以我們自己的表達方式翻譯客戶的話，向對方「重新表述」我們的理解。
- 這是將雙方的頻率調整一致，讓彼此能夠一起往相同方向前進。
- 這是滿足對方對獲得認可的基本需求，可以採行的最佳方法。

如果年輕的艾蜜莉以重新措辭的方式表達客戶的渴望，她大概就能避免陷入如此窘境。我要用柯維（Stephen Convey）的話做為本章的結語：「大部分的人並不是為了理解而傾聽，他們是為了回答而聽。」

充電小歇

✧ 電麻雀變鳳凰》（*Pretty Woman*），蓋瑞·馬歇爾（Garry Marshall）執導的美國電影，一九九〇年上映。

✧ 艾伯特·麥拉賓（Albert Mehrabian），一九三九年生於伊朗。他是心理學家，也是加州大學的心理學教授。

✧ 《阿飛外傳》（*Alfie*），查爾斯·舒亞（Charles Shyer）執導的美國電影，二〇〇四年上映。

✧ 瓦萊莉·貝涵（Valérie Perrin），《為花換新水》（*Changer l'eau des fleurs*），商周出版，二〇二三年。

✧ 凱特·墨菲（Kate Murphy），《你都沒在聽》（*You're Not Listening*），大塊文化，二〇二〇年。

- ✧ Antoine Walter 製作的播客《Ingeventes》第十集〈積極傾聽，必備的古老中國藝術〉（L’écoute active, cet art chinois ancestral absolument indispensable）。
- ✧ 史蒂芬・柯維（Stephen Convey），美國商人、作者、講者（一九三二－二〇一二）。
- ✧ 關於這個主題，我推薦蘇菲・夏薩（Sophie Chassat）的精彩著作《不是有鬍子就是哲學家》（*La Barbe ne fait pas le philosophe*，Plon 出版）。她年紀輕輕，畢業於巴黎高等師範學院並擁有哲學教師資格，以幽默和創意的方式探索配件的世界，對於這些不是如此無用的物品，她如此說道：「如果仔細聽，accessoire 就會變成『accès à。』」

5 創造故事

「親愛的，帶我去凡登廣場」

這天是風和日麗的星期六，凡登廣場（place Vendôme）和和平街（rue de la Paix）的銷售人員，在每週的這一天皆嚴陣以待，等著虔敬地參觀高級珠寶店的「週六的準新人」上門。他們侷促不安、誠惶誠恐地按下寶詩龍（Boucheron）、梵克雅寶（Van Cleef & Arpels）、Chaumet、Repossi、Buccellati、蕭邦（Chopard）、寶格麗（Bvlgari）、Fred、卡地亞（Carteir）、Mikimoto、伯爵（Piaget）、Poiray、Tiffany、Mellerio dits Meller……等頂級名店。

無論哪一間店都熱情地接待他們，對客人無微不至、體貼周到，端出高級香檳、Ladurée的馬卡龍，帶著他們走到華麗的展示櫃前，讓他們試戴美麗的珠寶，讓客人心花怒放，吸引他們，令他們陶醉不已。處處皆是厚實的地毯或絢麗的大理石，皆有優美的音樂和隱約的香氣，以及無處不見，打扮體面的品牌「大使」。

來自台北的愛情故事

林小姐和陳先生來自台北，初次造訪巴黎便已被這座花都擄獲芳心。他們再過幾個月就要結婚了。雙方的家人出錢讓他們到巴黎旅行，不過最主要的目的，是尋找如黃金鑽石般恆久堅貞的連結，緊緊繫起兩人的愛。因此，這個星期六是大日子，承載如此多的美夢與想像。「親愛的，帶我到凡登廣場」，林小姐醒來時在陳先生的耳邊低語道，他們下榻文華東方酒店，距離這座知名的廣場僅有幾步之遙。

早上十點，這對愛侶滿心期待地來到凡登廣場，在爭奇鬥豔的櫥窗前目眩神迷。無論到哪裡，他們都受到同樣殷勤優雅的迎接，不過主要是希望銷售，而不是想了解他們的個人故事。店員拿出非常漂亮的作品，依照價值一字排開，擺放在以各家品牌標誌做為裝飾的展示托盤上。然而沒有任何一只戒指讓他們怦然心動。

天色漸暗，這對愛侶逛到有點累了，香檳也喝得有點多了（他們不習慣喝香檳，但不敢拒絕），午餐時在 La Colombe 以生澀的法語，點了奧布拉克牛肋排和起司馬鈴薯泥還沒消化完。

只剩一間珠寶店尚未接待他們：他們滿心希望地踏進店裡。雖然時間已晚，店面即將打烊，門僮還是滿臉笑容地帶他們進入僅為重要客戶保留的沙龍包廂。這份親切讓林小姐和陳先生驚訝也有點尷尬，然後他們在舒服的沙發上坐下。

三十多歲的瑪堤厄前來接待他們，態度輕鬆，掛著微笑，優雅和距離感之間的平衡拿捏得恰到好處，這是「王牌銷售員」才有的特質。

「歡迎！」他欣喜地對他們說道：「二位看起來逛累了……喝熱水會舒服一點。」這完全是林小姐和陳先生夢寐以求的事。他們和許多台灣人一樣喜歡喝溫水，因為能讓身心都獲得撫慰。

瑪堤厄並不急，他能從容地招待他們：這對戀人是這忙碌日子的最後一組客人，店內總是擠滿了顧客，即使他只想沖個舒服的澡並且和朋友度過夜晚，卻沒有流露一絲倦意，而是在他們身旁的沙發坐下。

為美好的故事畫龍點睛

「我最喜歡愛情故事了。我想知道二位的故事⋯⋯」他的聲音輕柔，語氣帶有傾訴祕密的氛圍。這對客人有點不知所措，說出不話來。他們臉紅了，低頭盯著鞋尖扭著手。這個問題太怪了！而且相當刺探隱私。他們原本以為會是「您在找什麼樣的款式？」或者頂多「您們夢想的款式是什麼？」，卻沒料到這個問題。

瑪堤厄感覺到他們的困窘，於是開口助他們一把：「我需要稍微了解您們，才能展示屬於您們的戒指。找到能夠象徵您的愛情，而且小姐將會一輩子佩戴的物品，這是真正的邂逅呢。我可以問幾個關於您們的問題嗎？」

這對準新人逐漸放鬆下來，他們現在露出笑容。夢想中的珠寶可能就在這裡。他們決定向瑪堤厄敞開心房，坦誠相待，並告訴他相戀的故事。

一段對話就此展開：

「二位是在哪裡認識的？」

「在台北的共同朋友家，他們想介紹我們認識。」陳先生回道。

「您們還記得是哪個季節嗎？」

「是冬天，當時冷到山區都下雪了呢。」林小姐充滿感情地說道。

「那您們二位，是誰先一見鍾情？！」

「是我。」陳先生說道，他現在滿臉笑意：「我追了好久才追到她呢！」

談話繼續，語氣親切友善。這名「王牌銷售員」和顧客的年齡相仿，顧客告訴他自己的國家和文化，令他夢想踏上旅行，離開巴黎。然後是最後一個問題，將會為這場難忘的銷售劃下句點。店舖已關上大門，不再有音樂聲。門僮已離開氣派門廳前的工作崗位。

「二位還記得初次見面的確切日期嗎？」

「二月二十八日。」兩人異口同聲答道，十指緊扣。

瑪堤厄頓了一下。包廂內一陣靜默……

「看來，是命運帶領二位在今天晚上來到我們店裡，因為您的戒指就在這裡。它一直在保險箱裡等待您。我現在就去取來……」

瑪堤厄的語氣變得很戲劇化，他離開包廂走向存貨的姿態也是，不一會兒，他的手裡拿著一個戒指盒，裡面裝著那件珍貴的珠寶。

他將緊閉的美麗戒指盒放在準新人面前的矮桌上，兩人的心跳愈來愈急促。林小姐萬般期待地打開盒子，看見一只美的令人驚嘆的單鑽戒指，鑽石閃著璀璨火彩，巧妙投射的燈光令其更加燦爛絢麗。待顧客欣賞一會兒後，瑪堤厄開口了：「這是一顆二．二八克拉的鑽石，象徵讓二位結為連理的愛情，也能聯想到那年台北異常寒冷的冬季，您們第一次目光交會的難忘日期。」

接下來的部分就不難想像了。這對戀人「邂逅」了夢寐以求的戒指，是注定屬於他們的戒指，雖然戒指的價值遠超過年輕的陳先生的經濟能力，不過陳先生一定能找到論點，說服他的父親贊助這次的購買，而他也將終生難忘。

故事寓意

瑪堤厄是真正的藝術家：從與顧客的連結，一直到他讓顧客心甘情願掏出信用卡的那一刻，他施展了四種才能，我們接下來將一一剖析，同時會強調才能2、3和4（我們已經探討過以顧客為中心的問題，現在將要更深入了解，創造故事的藝術與對產品的熟悉度），才能1，閒話家常，在第一個故事中大幅運用。

掌握無關主題的閒聊

瑪堤厄沒有提起促使顧客踏進這間店的原因或動機。他沒有問他們會嚇跑顧客的問題：「請問您需要／在找什麼呢？請問您需要什麼嗎？」他反而選擇讓客人放鬆，立即帶領他們進入較為個人與情感的領域。他讓客人徜徉在自己的世界，並帶著對他們而言最珍貴親密的回憶，令他們幾乎忘記自己是來購物的。這是高超的藝術。你也會注意到，瑪堤厄選擇拉近距離。他坐在客人的身旁，而不是按照慣例地坐在對面（一般的鑑賞桌將販售者與客戶隔開，象徵這場會面的商業目的）。他選擇建立有感情的關係，而不是較有距離感的商業關係。

如何問出你需要的？

瑪提厄沒有提出任何與顧客尋找的商品有關的問題，如：

「您在找什麼類型的訂婚戒指？」

「您在尋找特定的款式嗎？」

「想要的鑽石大小是？」

「幾克拉？」

「想要哪種款式的單鑽戒指？」

「想要哪種顏色的鑽石或寶石？」

他問的問題全都經過精心設計，用來了解他的顧客（誰），而非他們尋找的物品（什麼）。這種從「什麼」轉移到「誰」的才能需要能力、訓練、社交手腕，要對他人和其深沉動機抱持強烈的同理心和好奇心。

無論販售的是鋼筆還是珠寶，優秀的銷售人員都知道，如何啟動相同的心理機制與相同的情感反應，才能刺激客戶的購買慾。我建議各位複習「向我推銷這支筆」（Sell me this pen）的情節，是最精彩的銷售課程之一，出自電影《華爾街之狼》（*The Wolf of Wall Street*）的傳奇場景。這部於二〇一三年上映的美國電影由馬丁・史柯西斯（Martin Scorsese）執導，取材自真實故事。李奧納多（Leonardo DiCaprio）飾演真實人物，激勵人生教練貝爾福（Jordan Belfort），他要求一群由商務人員組成的聽眾向他推銷一支筆。這個場景，要搭配另一個帶來不同角度的場景觀看，也就是祕訣。然而，在第一個片段中，這群由喬登訓練出來的商務人員，全都落入相同的陷阱，也就是談論產品本身、描述其特性、功能、材質、品牌、顏色、尺寸、輕巧……而忽略了客戶。

最該了解的事，就是客戶的期待。這就是著名的「WIIFM」，「What's In It For Me」的縮寫，意思是「對我有什麼好處？我個人能得到什麼？這有什麼能讓我興奮的嗎？」

在第二個片段，也就是酒吧的場景中，喬登的合夥人之一，示範了如何創造需求：「拜託嘛，幫我簽名吧……那你需要一支筆！」

話題回到瑪堤厄。透過巧妙的提問，他讓客戶能夠展露自我，一點一滴將他們的故事、相識到戀愛的過程、他們的夢想、他們的祕密動機都告訴瑪堤厄。

一如小拇指（Petit Poucet）撒碎石以找到回家的路，林小姐和陳先生也「撒下」我們稱為「無意義」的資訊，這些資訊乍看微不足道，但如果能夠分析並在腦海中儲存這些資訊以便稍後運用，這些資訊將顯得無比重要。

你一定已經猜到，瑪堤厄尋找的是客戶的故事中，能夠與他要向他們展示並銷售的珠寶的故事，能連結起來的部分。他試圖捕捉的，就是他要推薦給客戶的設計與客戶自身故事之間，這道魔法般的連結。為了達到目的，只有一個方法，那就是以對方為中心的問題，關於對方的人生、故事、喜好、渴望。

沒有冒失的問題，只有冒失的答案

當我們培訓中，呈現並捍衛這種以客戶為中心的提問才能時，常常遇到部分學員強烈反對，理由是這些問題太私人了，他們絕對不敢提出。有些學員則主張自己不喜歡被當成「探索」的對象，因此不允許自己以這種方式對待他人。

「沒有冒失的問題，只有冒失的答案」，王爾德（Oscar Wilde）如是說。我們的看法與這名偉大作家完全相同，像他一樣認為提問，尤其是在銷售中的詢問，並沒有侵略性。這是所有優秀銷售對話的楔石和支柱，需要高情緒智慧，他必須觀察對話者傳達的言語和非言語訊號。好的銷售人員會有好答案，而「頂尖銷售人員」則會有高明的問題！

述說故事還是創造故事？

瑪堤厄很清楚亞洲人喜歡象徵，祕訣（無論客戶是誰）就是將珠寶（其顏色、設計靈感、工藝、使用的寶石、尺寸、克拉）與客戶的故事連結起來以觸發情感，進而觸發購買。在精品銷售的行話中，我們稱之為「創造故事」（storymaking），也就是在產品和其未來擁有者之間，創造情感共鳴並讓客戶成為「主角」的藝術。

為了在珠寶、腕錶、包袋或所有其他精品與客戶珍視的事物之間，創造這種連結或共鳴，優秀的銷售人員會運用所謂的「情感連結」，有如一座橋，連接起物品固有的特性與客戶的人生或生活方式。這些連結可以是物品的設計、顏色、相關的數字、靈感、來源和許多其他方面。例如，卡地亞（Cartier）知名的 Trinity 戒指，可以象徵三個人之間的愛，如父親、母親、和孩子，或是三個孩子對母親的愛等。

為了說明這一點，我要向各位說個小故事，這是我父親告訴我的，他是波爾多的葡萄酒商，不自覺運用了「創造故事」的技巧！一九七〇年代他到德國出差時，由於了解德國客戶對音樂的熱愛，他對一群買家介紹葡萄酒和其特色時，為每一款酒搭配一首知名的曲子。每次品嘗新的酒款時，他就會換一張唱片。習慣了「鼻聞帶有新鮮水果的香氣，散發多汁甜香，並有一絲旁賈胡椒的氣息」這類經典描述的聽眾深受吸引，訂單也很可觀。

瑪堤厄確實可以搭配單純地「講述故事」（storytelling）品牌的經典故事，讓他「創造的故事」更高雅、有品味：他可以訴說品牌的悠久歷史，因為他就是品牌的大使。他也可以講述珠寶的靈感、描述其設計、寶石之美、起源。他也可以強調著名的鑽石「5C」，即尺寸或車工（Cut：圓形、公主方形、枕形、祖母綠式、欖尖形、橢圓形、梨形、心形、明亮式、阿斯切式）、顏色（Color）、淨度（Clarity）、重量（Carat）以及來源（Certification）。

陳先生和林小姐會更相愛嗎？他偏好「創造故事」這個更強而有力的方式，讓這對年輕未婚夫妻立刻就能在情感上想像自己買下戒指。

最後，「創造故事」的才能與提問的才能緊密連結。您應該已經理解到，沒有個人化的問題，就不可能「創造故事」。

對產品的瞭若指掌

如果瑪堤厄沒有對存貨瞭若指掌，這筆銷售就絕對不可能成交。因此，關鍵之一就是要清楚店內可以販售的產品。對於這一點，在此提供凡登廣場，一名出色的女性經理的小訣竅：每天早上都要巡視櫥窗和展示櫃，確認存貨，並記下所有的單品！

總而言之，陳先生和林小姐不只是買下一件珠寶、一只單鑽戒指、黃金或鑽石，他們買的是情感，是美好的回憶。他們買的是封藏在戒指中的自身的愛情故事，未來將會對給孩子或孫兒訴說。

「客戶轉換取決於談話的品質。」

——拉席德・歐古拉魯（Rasheed Ogunlaru）

充電小歇

✧《華爾街之狼》（*The Wolf of Wall Street*），馬丁・史柯西斯（Martin Scorsese）執導，二〇一三年上映。

✧《Soul trader-Putting the heart back into you business》，Rasheed Ogunlaru（英國教練、作者），Editions Kogan Page，二〇一二年。

6 「多一件」的祕訣

不入虎穴，焉得虎子

這不是關於精品的銷售故事，但其中蘊藏太多教誨，我實在忍不住想和各位分享。這則故事來自美國，在大西洋彼岸的大學和商學院的銷售課程中，流傳的「成功案例」（succes stories）之一。

當時正值一九六〇年代，來自北達可他州的年輕人鮑伯搬到佛羅里達，正在找工作。他到一間百貨公司應徵銷售人員的職位。

經理問他是否有銷售經驗和推薦信。鮑伯回答，他有過吸塵器銷售人員的短暫經驗。經理猶豫了一下，不過還是決定給他機會。他雇用鮑伯，並說他每天晚上都會在打烊時，下來查看他的業績。

第一天對鮑伯而言相當辛苦，但他的表現還算不錯。一天結束後，經理來到賣場，問他成交客戶的數量。

鮑伯低下頭，怯怯地說：「一個。」

「只有一個？我們的銷售人員的每日成交人數平均是二十到三十個客戶！如果你想留下來，那最好快點改變情況。在佛羅里達這裡，我們的業績標準很嚴格。在北達科他州，或許一天一筆銷售還能接受。但這裡不行。你可不是在鄉下。」然後經理頓了一下，繼續問他：「這單筆成交的金額是多少？」

「十萬美元。」鮑伯老實地回答。

經理難以置信，問他究竟如何賣出這麼高的金額。

鮑伯娓娓道來：「噢，很簡單。我的客戶一開始買了魚鉤，然後我陪他去看適合新魚鉤的釣竿。然後我問他要去哪裡釣魚，他說去海岸，於是我告訴他，他需要一艘船。所以我們去船的展示區，我賣給他一艘 Chris-Craft。接著，他說他覺得自己的本田喜美可能拖不動船，於是我給他看櫥窗裡的一輛四輪傳動車，他就和一個拖船車買下了。」

「一名客戶來買魚鉤，結果你賣給他一艘船和一輛四輪傳動車？」經理驚訝地再確認。

「啊，不是的！客戶是來找熱水袋的。您記得吧，因為我是新人，您把我安排在小禮品區。我就是在那裡遇見他的。」鮑伯連忙澄清。

「是嗎？」實際上，經理壓根兒忘記這件事了。

鮑伯說：「是的。我問他是不是為太太買的。一臉苦悶地點點頭，說太太肚子痛。於是我就對他說：『週末泡湯啦，你覺得去釣魚怎麼樣啊？』」

故事寓意

這則故事非常經典，是美國銷售人員愛分享的軼事集錦之一，是達拉斯的一位客服人員告訴我的。讓我來揭露其中的三大才能：大膽、開發客戶的重要性（少了這點就什麼也不會發生），以及腎上腺素曲線。

展現大膽

如前述故事中，優秀的銷售人員未必是產品的專家。不是的。優秀的銷售人員會對客戶感興趣，足以找出客戶的情感觸發點，並以這股混合同理心和大膽的信心，能夠激起客戶新的購買慾，而且可能與客戶最初的渴望相去甚遠。

對某人賣出不是他原本前來尋找，而且不知道其存在的東西，還有什麼比這更令人心滿意足的呢？我們稱之為「偶然力」理論，或是意料外的驚喜。試想：向某人銷售他原本就有意購買的東西很容易。我們做為銷售人員的附加價值幾乎是零。而向某人推銷他沒想到的東西，而且為他帶來超乎期待的驚喜，這就是高超的藝術了。

我要用一則小故事來說明我的論點：部分女性讀者對發生在我身上的故事想必不陌生，由於某位優秀銷售人員的大膽，她們一定也碰過同樣的事。幾年前，我正在找各種場合必備的「黑色小洋裝」，上班和工作外的場合都能輕易搭配，我在樂蓬馬歇（Le Bon Marché）的陳列架間苦苦尋覓。

一名女性銷售人員帶我到試衣間，她看到我抱著兩件符合我的需求、價格在我設定範圍內的洋裝，幾分鐘後她來找我，手裡拿著第三件黑色洋裝。看到我面對鏡子滿臉困惑，身上還掛著兩件洋裝之一，她只說：「我為您拿了另一件洋裝，希望您能穿穿看，一定會很襯您的身材。」穿上洋裝之前，我看了一下風格、剪裁、材質、裝飾的亮片，還有價格標籤，遠超出我的預算，我猶豫了，因為這完全不是我正在找的洋裝類型。但我都來了，不試白不試，就穿吧！然後……我被說服了。這件洋裝很適合我，而且讓我展現全新面貌，散發我夢想著展現但不敢展露的搖滾的一面。

注意身材這個詞前面的所有格形容詞，「您的」，光是這個詞本身就涵蓋了以客戶為中心的概念，改變一切。這名女性銷售人員賣給我的不只是一件洋裝，而是嶄新的自我形象。」

幫客戶一個忙

培訓課程中，我們常說額外銷售絕對不應該讓客戶感覺是強迫推銷，而是應該視為幫客戶「一個忙」。而且，如果所有這些建議適切又個人化，客戶常會為此感謝銷售人員。如果我們相信自己在這類情況中的價值，附加銷售就變得輕而易舉啦！

以下這個例子可以說明我的論點。這是一間美國百貨公司進行的實驗，目的是要向其銷售人員證明，客戶購買慾遠遠超過銷售人員的推銷渴望。

百貨公司在紐約的門市找來一百名神祕顧客，他們都有一張額度無上限的信用卡。

每位假客戶想買什麼都可以，唯一的條件是銷售人員推銷該商品。也就是說，如果銷售人員一個接一個，推薦所有百貨公司的產品，神祕顧客就必須回答「好」，並買下來。

依照你的看法，有多少百分比的神祕顧客買下一件、兩件和三件或更多產品？你大概已經猜到，結果相當發人深省！

- 六三％只買了一件產品。
- 二七％買了兩件產品。
- 僅一〇％買了三件產品……

其中兩人什麼都沒買，因為銷售人員……什麼也沒推銷！

還有另一則大膽有創意的故事，是多雷亞克（Alexandra Doleac）告訴我的，她為數個高級品牌擔任內部培訓，我曾有幸在 Parfums Christian Dior 合作。

故事發生在坎城的大名鼎鼎的十字大道（Croisette）。

一名年約六十的印尼女客戶逛珠寶店，想找一條踝鍊。她處處碰壁，每家店都以否定的答案回絕她：「很抱歉，我們沒有做踝鏈……」

然後她踏進一間美國高級珠寶品牌的商店，重複她的需求，這次，接待她的女性銷售人員回答：「我們有為手腕設計的鏈子，可以加長讓您戴在腳踝上！」

客戶微笑了，逐漸放鬆，很開心終於聽到肯定的答覆。後來，銷售人員為客戶量腳踝的時候，客戶說，她的丈夫剛過世，她想要買個禮物安慰自己。

對焦情感，自然延伸的「更多需求」

你還記得了解客戶的五個好處吧。額外銷售就是其中之一。

一個日本朋友某天告訴我，她在一間漂亮的巴黎香水店的經驗。原本以為美妝專員會以「您平常穿什麼樣的香水呢？」問起，當專員問她「在不久的將來，您想成為什麼樣的女人呢？」，她愣了一下，然後被吸引住了。那時我的朋友剛離婚，而買香水象徵她的人生的新方向。

第二個問題也同樣高明，因為這個問題引導向第二銷售，而且若無其事地提出：

「說說您的生活型態吧。您在工作時和週末都會使用香水嗎？」

我的朋友心花怒放，買了兩款香水。她來自一個不問太多問題以免讓他人慍怒的文化，因此她對這個細微的發現極度敏銳，這個發現在她人生的脆弱時刻，連帶提升了她的自尊。

為了提高平均客單價，也就是零售業的KPI（Key Performance Indicator，關鍵績效指標），有五個策略：

1. **相關銷售**（link selling）：提出與原本產品同類型的補充產品。
2. **交叉銷售**（cross selling）：提出不同於原本產品類別的附加產品。
3. **向上／追加銷售**（up-selling）：提出品質或價值高於客戶原本打算購買的產品，而且逐步提高。
4. **降價銷售**（down-selling）：一開始便提出極高價的產品，然後逐漸降低。
5. **補償**（compensation）：將「不」轉變成「是」。客戶想要的產品已經沒有存貨了，而你只能提出現有的產品。只有在非常深入了解客戶的渴望並重新措辭時，這項策略才奏效。

在我們的故事中，鮑伯輪流使用兩種策略：他將魚鉤結合甚至是拖船車時用的是相關銷售；將客戶引導到另外兩種產品類別，即船和汽車時，用的則是交叉銷售。而最精彩的仍是完美無缺的客戶導向策略。

情感曲線

在精品中，一切都關乎於情感。我們是和客戶的大腦邊緣系統或情感對話。因此，當銷售人員向客戶介紹多件產品時，必須小心別讓受到一連串產品介紹刺激的情感或腎上腺素消退。

「情感曲線」理論是王牌銷售人員阿吉拉所提出，我在前文也多次提到他，他在蒙田大道的某間精品店進行培訓時談及，那場培訓我也在場。如果每一次產品推薦或介紹花太多時間，客戶的情感或購買熱情就可能消退。因此，成功在於只激起一種情感。

我要用最後一個小故事為這個主題作結，是紐約時尚零售業的一位資深專業人士告訴我的。米德蕾剛入行時，從最基層的銷售人員做起，她在紐約第五大道的義大利高級成衣店工作。某天，店經理請假，同事們都去午休了，只有她一人在店裡招呼一位美麗的女客人，後者已經是品牌和該店的客戶。將客戶安置在試衣間後，米德蕾開始將客戶在展示架上看中的成套搭配，按照客戶的尺寸和要求的顏色拿到試衣間。

客戶每一套服裝都試好幾次，詢問建議，審視自己在鏡中的身形，然後，在整整一小時後宣布：「這些我都要了！」

米德蕾顫抖不已，默默計算總金額，然後準備衣服和帳單，優雅地護送這位女士到車上，跟在放方的司機提著一大堆購物。然後她急忙打電話給主管，興高采烈地通知方才和單獨一位客戶成交的驚人金額。

「這位客戶叫什麼名字？」主管問她。

「史密斯女士，住在紐約和麥阿邁兩地。」米德蕾語帶興奮地回答。

「米德蕾，她是我們最大的ＶＩＣ之一，只要來店裡，通常都會花兩倍的金額！絕對不要停止推薦產品。只要客戶沒叫你停，你就要繼續推薦！」主管激動地囑咐。

米德蕾牢牢記住這個建議、加以應用，並在她出色的職業生涯中，與所管理的團隊大大分享這個故事。由此可知，我們無須懼怕，向阻礙我們的行動和成功的限制性信念開戰吧！

充電小歇

請讓我引用歐洲央銀行長克莉絲汀．拉加德（Christine Lagarde）的話，為關於大膽的住題劃下句點，她的經歷非常驚人，曾是法國游泳亞軍、律師、財政部長、ＦＭＩ（國際貨幣基金組織）總裁，最後成為歐洲中央銀行行長：

「我認為每一次做決定都是冒險，必須要有點不知天高地厚。你必須為自己壯起膽子，也要為改變週遭而壯起膽子。如果沒用，那就沒用。打起精神，重整思緒吧。」

這段話出自安娜貝爾．侯貝茨（Annabelle Roberts）的著作《外套理論》

（La Théorie de la veste，Flammarion 出版，二〇一九年）中的引言。

「以下這條法則簡單卻有力：給予，永遠要比他們預期接收的多。」

——尼爾森．包斯威爾（Nelson Boswell）

美國暢銷書作家

7 挑出顧客專屬的主打商品

如何讓顧客送出合乎心意重量的禮物？

某天，一個珠寶品牌託我培訓他們的電話客服人員。這項任務是要將品牌已發展出的面對面銷售技巧，由我們事務所調整成適合電話銷售的技巧。

這項活動在新冠肺炎疫情爆發之前，地點是一座美麗的歐洲城市進行，品牌的客戶關係中心設置在此，在這之前，該中心的任務只是接聽來自全歐洲客戶的電話，告訴他們品牌的歷史、最新消息、產品、價格、商品存貨情況、售後服務、實體店地址等等，並沒有販售服務。

學員也同樣來自全歐洲，擁有各式各樣的背景，由店舖銷售人員（並非都有珠寶背景）、來自旅館業或航空業的人、非精品產業的電話客服和電話銷售人員。

培訓為期一天。這是我們所謂的前導培訓，目的是要測試課程內容及主持方式。我在課程開始前準備了三個月，課程量身打造，讓聽眾能將一通單純的電話成功轉變為交易。這是一項挑戰，因為我只培訓過實體店的銷售人員。

很快的，一名男性學員脫穎而出，我們姑且稱他為安東。他很從容，一口悅耳的南部口音，還有獨特的幽默感。他問一大堆問題，寫下一大堆筆記，堅持大家要玩角色扮演遊戲，總之存在感十足。加入這個高級品牌之前，他是絕緣玻璃窗的電話銷售人員。雖然他還沒完全掌握精品世界的規則，但他展現出的罕見的求知慾和對成功的渴望，立刻就讓我很欣賞。

我讓學員背對背坐在教室裡，兩人一組，分別扮演客戶和銷售人員，因為他們是在電話上，在真實世界中無法看見彼此。這些小遊戲很有趣，大家都笑得很開心，氣氛既輕鬆又認真，而我希望學員離開時能記住幾個致勝原則。

傍晚六點，我搭火車回巴黎，在腦海中回想這一天，課程和主持的優缺點，以便同時改進內容和形式。

幾個小時後，在我下火車時迎來一個大驚喜。電話那頭，電話客服中心的主任興奮地大聲對我說：「您一定會很驚訝。培訓結束後，安東想立刻實踐您所有的建議，一直接電話到晚上九點。他接到一位住在維也納的中國客戶。這通電話長達四十五分鐘，最後賣出不得了的金額！」

「快告訴我！」我在火車站裡拖著行李，手機緊貼著耳朵，迫不及待要了解事情經過。

「這名客戶想找珠寶送給他的太太。安東很快就掌握關鍵消息，這是要慶祝他們結婚三十五週年，並成功讓客戶開口聊自己，關於職業、家庭成員、他的嗜好、旅行，最重要的是聊他的太太。您知道，全程都有錄音，我會將節錄片段寄給您。」客服中心的主任濤濤不絕地簡述，安東那令人驚艷的事績。

「繼續說！後來怎麼樣了？」我太好奇過程了，忍不住催促對方。

「安東他啊，一直跟我說，您介紹的降價銷售（down-selling）最有效，所以立刻向客戶推薦型錄中最精緻的設計，是一條要價一百萬歐元的項鍊！」

「做得好！您可以簡短敘述一下他怎麼辦到的嗎？」

「這位先生坐在沙發上，大腿上放著筆記型電腦，正在看一條價值兩萬五千歐元的項鍊。這時候，安東決定賭一把，推薦客戶直接到我們的線上商店的最後一頁，展示的都是高級珠寶，並推薦客戶一條非常精緻的項鍊。客戶停頓了一下，說他看到這麼高的售價很意外，但安東完全沒有因此退縮，信心滿滿地對客戶說道：『稍早您告訴我，您想彌補許多事，因為事業興旺繁忙而疏忽了妻子和家人。這不就是向這個為您生了三個孩子、為您的事業付出許多的太太，表達您的愛和感激的最佳機會嗎？』然後一陣長長的沉默，安東最後說：『您會因為愛她，願意付出多少呢？』又是一陣沉默。安東靜默不語，然後客戶說：『這個我要了。』」

故事寓意

在這裡，我想向各位指出三點：「由上而下銷售」（top-down selling），這是成為王牌精品銷售員的關鍵之一。而在不同狀態下，例如，透過電話銷售精品的王牌，還有「向上／追加銷售」（up-selling）的藝術。

由上而下銷售的手法

這個方法，是我從一位凡登廣場的「頂尖銷售人員」學來的，也就是立刻推薦店內最華貴的產品，如果價格真的超過客戶的能力範圍，那就逐漸降低價格，介紹較不昂貴的產品，直到客戶為其中一件產品屈服並成交。

你可能注意到，在汽車業中，銷售人員常常使用這個方法，先介紹全選項車款，然後是選項較少的較低價車款，最後在必要時介紹基本車款。

這個方法是利用強大的心理戰：因為和中階車款相比，基本車款顯得較便宜，而且比起最高價的車款，買家會覺得很划算。然而，若銷售人員從基本車款開始介紹，中階車款往往顯得太貴了。

一般來說，這種由上而下銷售的手法分成三個階段進行。

1. 從最高價開始

我的「頂尖銷售人員」朋友總是從最高級精美的產品開始，也就是系列中的明星珠寶。雖然這個做法非常大膽（維吉爾曾說：「幸運向大膽之人微笑」），卻有一個很大的優點，那就是討好客戶的自我。介紹最華美的物品，就表示認為客戶與其相稱，因為你值得，巴黎萊雅（L'Oréal）的精彩口號說得真是太好了。

有時候也會發生這種小小的奇蹟，就像安東的故事，客戶屈服於最美麗的選項，甚至不會討價還價。

2. 從反向「3法則」慢慢開始

讓沉默成為盟友，專注在客戶的肢體語言上，研究每一個能夠透露其情緒的表情。等待客戶踏出第一步：要不是客戶將該物品視為可能的選項，就是客戶要求看價格較低的選項。不要急。關鍵就在於此時的節奏。

運用「3法則」：讓明星產品成為焦點，而另外兩件精挑細選的產品，則能滿足客戶的需求。

在精品產業中，習慣依照以下順序介紹三件產品。這就是「3W」技巧：

- **最初的欲望**（Wanted）：也就是客戶要求看的物品。
- **挑戰者**（Why not）：也就是可以透過與客戶的個人故事相關的另一個特點以吸引客戶的物品，其價格可能會等於或高於最初的選項。

- **驚喜**（Wow）：也就是完全在意料外的物品，可能會令顧客拜倒。物品可以藏在盒子或箱子裡，以便進一步撩撥客戶的好奇心。

在這個由上而下的銷售方法中，概念是反過來進行，大膽地從令人驚豔的「Wow」單品開始。

有時候，如果客戶毫無反應，我的「頂尖銷售人員」朋友就會若無其事地從口袋拿出讓其他單品都黯然失色的出色珠寶。或者他會說：「我認為您還沒準備好，明天再來吧」，甚至說「這不適合您，我有別的單品……一個星期後再過來。」這是非常大膽的策略，大家都以為這樣會失去客戶，然而結果往往證明很成功。這種程度的銷售實在太刺激了！

3. 讓客戶沮喪

我朋友的最後一個祕訣就是，如果客戶對最美麗的設計看起來不感興趣，他就會把產品拿走，讓客戶感到沮喪。要不是取回作品，起身將之放回保險箱，就是收回擺放產品的托盤，表示認為客戶沒有興趣。接著，驚人的事情發生了（這可能來自我們單純的本能反應）：客戶阻止你的行動，而且告訴說他/她想再看一下產品。

你是否曾經在服飾店裡對一件成衣猶豫不決，最後決定買下的原因，只是因為另一個客人想要試穿那件衣服？這就是一模一樣的慾望觸發機制正在運作。

透過電話銷售精品的致勝王牌

在討論這些優勢之前，先來看看我們培訓的電話銷售人員，所提出的透過電話銷售時，經常遭遇的障礙：

- 沒有眼神交流，無法察覺客戶的肢體語言。
- 沒有香檳和小點心的接待儀式。
- 沒有視覺銷售策略，也無法創造利於購買的條件。
- 無法看見、觸碰或試用產品。

但是電話銷售的優點眾多，能夠促進這類型的銷售：

- 能夠立即查看客戶的身分和聯絡方式，以及確認他是否已經是品牌的客戶。
- 聲音取代了眼神：我們的聲音必須要能夠傳達善意、熱情，有時候需要幽默感，最重要的是美妙地運用話語的抑揚頓挫、節奏和內容，激起客戶的情感。
- 可以不斷參考有助於銷售的各類資訊（品牌的ＤＮＡ、產品、系列、材質、特點、價格等）。
- 以不是面對面為理由，盡可能以客戶為中心，向其提出更多問題，以便進一步「發掘」對客戶的了解。
- 能夠更加發揮講述故事，運用投射性詞彙和比喻，激發客戶的想像和情感。
- 能夠做筆記收集對話過程中得到的所有資訊，這對講述故事很有幫助。例如這樣說：「如果我沒記錯，您的妻子的生日是九月七號。縞瑪瑙就是適合處女座的寶石之一，您覺得這款縞瑪瑙和鑽石的戒指如何呢？」；或是達成額外銷售。可以這樣說：「您在對話開頭提到，不久後就要去度假了，要不要送自己一套新泳裝呢？」。
- 可以讓客戶稍候，讓自己有時間找資料，或是單純喘口氣或喝杯水。

- 必要時可以將電話轉給專家。
- 由於不會受到任何干擾，可以一〇〇%以客戶為中心。
- 能夠悄悄請同事協助。

所有這些優點，構成一張非常重要的安全網！

一個電影片段完美說明了以客戶為中心的電話銷售。這是一通「外撥電話」，不過重點是《金盞花大酒店》中，丹契（Judi Dench）飾演的電話銷售專業人員的訣竅。

我們的團隊意外且開心地發現，疫情之前教給客戶關係中心的方法，讓他們的銷售額在二〇二〇和二〇二一年爆炸式成長呢！

向上／追加銷售的藝術

我們探討了由上而下銷售的高超技巧，不過還有一是向上／追加銷售，這個技巧更常見，也非常有效。追加銷售的方法，也可以鼓勵客戶購買價格較高的產品。

我曾經有幸遇到一位追加銷售冠軍。她為一個全球知名的法國精品牌工作多年。不過由於她來自中國，法語並不好，而且幾乎不會說英語。這名一頭灰白短髮、看不出年紀的嬌小女士不屬於特定部門，可以稱她為「機動銷售人員」。

有一天，我得到允許見她，並能請她向我她的祕訣。那天早上她在手提包商品區。她只對我說：「您想試什麼樣的包包？」當時我夢想擁有該品牌的其中一款托特包，有多種尺寸、形狀和材質。

我以為她會對我有興趣，問我關於我的習慣、職業、希望包包有什麼特點之類的問題，然而我發現她不發一語，只掛著大大的笑容，然後消失了。幾分鐘後，她回來了，把兩個包包放在櫃台上，還有第三個裝在防塵套裡的不明包包。

我當然對第三個包包很好奇，於是請她讓我看看。她只回答：「晚一點⋯⋯驚喜⋯⋯」她以惜字如金的方式，讓我試提兩個包包，第一個是相當簡單的小牛皮包包，第二個則是小羊皮製的。然後她對我說：「女士，非常優雅，但我有更好的⋯⋯女士會更美⋯⋯。」

這個手法簡單到令我震驚，但我還是繼續配合她。在我的要求下，她終於揭開防塵套，拿出一個鱷魚皮包包，一邊轉動展示，彷彿那是最珍貴的物品。然後她把包包掛在我的手臂上，帶我到一面全身鏡前，不斷對我說：「女士，太美了！」

我詫異地看著她，問道：「這就是你的成功祕訣嗎？」

「對，我對每個客戶、男的女的、所有年齡、所有產品，都用這套方法。」她篤定的回答。

「那常常成功嗎？」我問。

她臉上露出自信的微笑，點點頭說：「常常成功喔！」

這麼簡單的方法，為什只有她這麼做？

休假結束後，我立刻回去見安排這次會面的百貨公司經理。經理給我看她的業績：她在所有專櫃的業績都大勝，在店面和全歐洲的業績都是最亮眼的。而這一切只以寥寥幾句話進行，她就像不停擺動的節拍器，在百貨公司的各個商品區，無休止地重複同一套技巧。

於是我問，團隊的其他人是否知道並運用這個技巧。

「當然，大家都知道她的技巧，但沒人敢用……」

這則故事的寓意顯而易見：這個極度簡單卻大膽的招式報酬率極高，因為增加了客戶原定預算花費更高金額購買的可能。

值得一提的是，這位銷售冠軍不怕客戶說「不」。她把銷售當成遊戲，而不是個人的事。

最後要注意的訣竅是：她從來不稱讚產品，而是讚美穿戴的人！

充電小歇

✧ 《金盞花大酒店》（*The Best Exotic Marigold Hotel*），英國劇情喜劇電影，約翰・麥登（John Madden）執導，二〇一一年上映。

8 從眼神開始堆疊的顧客體驗

層層堆疊出的「好感覺」

根據培訓教練菲德列克・莫拉雷斯（Frédéric Moralès）親身經歷講述的事件改編。這個故事發生在凡登廣場的高級珠寶沙龍。

在一場慈善活動中，兩對佛羅里達的美國夫妻，贏得由著名品牌提供的巴黎之旅。他們將在五星級飯店下榻三天，獲邀造訪巴黎最美麗的地方，參加知名藝廊主人貝浩登（Emmanuel Perrotin）的私人晚宴，簡單來說，他們將獲得特殊的「客戶待遇」，就是高級品牌都很擅長的那一套。

其中一對夫婦已經是品牌的客戶，另一對還不是。沙龍在第二天傍晚時接待第一對夫婦。他們有一份特別訂製正在進行中。店長親自接待他們，氣氛有點緊張，因為客戶對訂製的初步結果並不滿意。

渴望擁有是一種「感覺」

第二對夫婦入店時，我盡可能提供協助。店長有點沮喪緊張，請我負責接待他們。還是新手的我，犯了一個錯誤，那就是立刻談論產品，詢問他們今天想看看什麼，是否有特別中意的寶石。氣氛旋即凍結。我眼前是一名個頭矮小的八十歲老先生，掛著狡黠的笑容，他的妻子大約六十多歲，比他高一個頭，是個冰山美人，留著白色鮑伯頭，美麗的臉孔沒有一絲表情。每一次推薦珠寶，她都以「不了，來巴黎之前，我先生已經送我鑽石了……」回絕我。

這個對手不簡單啊。我在他們旁邊坐下，決定來場隨性的談話破冰：「請問二位來自美國哪裡呢？」

「佛羅里達。」女士略微冷淡地回答：「我們最近才搬過去的。之前我們住在威斯康辛。」

「威斯康辛的哪裡？」我維持著笑容，親切地繼續往下問。

「密爾瓦基。」女士感覺想要結束話題了，但情勢馬上被下一句話扭轉了。

「太巧了，因為我去年夏天才去了密爾瓦基呢……」於是我們開始聊起威斯康辛，我提到參觀過密爾瓦基美術館，是聖地牙哥・卡拉特拉維（Santiago Calatrava）設計的精彩建築。這位女性客戶對我說：「我先生和我很常參與美術館的活動，我們是贊助人。」

於是我說：「我記得美術館入口處有一件非常美的作品，出自印度藝術家之手，可惜我忘記他的名字了，那是一件繽紛的穆拉諾玻璃雕塑。」

女性客戶很訝異，現在以截然不同的神情看著我說：「沒錯，那是我們送給美術館的作品！」

此刻我不確定發生了什麼事，我整個人飄飄然。我們繼續聊美術館、威斯康辛、密爾瓦基，我讓他們開口談論喜歡和感興趣的事物。她告訴我，她很喜歡紐約、建築、裝飾藝術，她在音樂劇圈子中非常活躍。我明確告訴她，我的目的不是銷售，而是讓他們在離開巴黎、離開凡登廣場之前，一探這個出色品牌的美、它的獨特世界、它的細膩、它的優雅。我繼續對話：「您提到自己對建築和裝飾藝術有興趣，那麼我想讓您看一些手稿，是品牌以紐約的裝飾藝術為靈感所設計的系列之一。這個系列目前不在巴黎，所以只能以型錄為您呈現，不過我很想聽聽您的意見……您如何看待高級珠寶系列，對裝飾藝術的重新演繹？」

等待時機成熟

從手稿開始的吸引力遠遠不及展示珠寶，所以我會循序漸進……客戶對我說：「確實很有意思呢」，並停在看到幾張手稿時停下來。因此，我得以逐漸看出她喜歡極簡風格、她對雙色設計的興趣，以及對祖母綠的偏好。透過重新措辭，我一步步確認她的喜好。對話持續進行，那一刻我真的感覺時間停止，完全忘記了時間。

然後，我壯起膽子：「根據您與我分享的事物，我可以為您展示一條項鍊嗎？」

得到她的同意後，我帶著項鍊回來。那是一條以單顆祖母綠寶石簡約裝飾的鑽石項鍊，那顆祖母綠寶石是我看過最美麗的一顆。女士試戴了，覺得很漂亮，明確指出哪些地方需要調整，以便完全符合她的喜好。我感覺到她的興趣，便建議道：「如果您有興趣，我們看看珠寶總監是否在這裡，他在調整方面能做出哪些建議。」

幾分鐘後，總監下樓到店面。又閒聊了幾句，終於約好當天晚上在 Le Meurice 碰面，檢視創意工作室總監準備的手稿。

接下來是一連串難得的時刻：同時間我回家一趟，拿了密爾瓦基美術館那位印度藝術家作品的明信片，我買來當紀念品，後來當成書籤使用。我在客戶的飯店大廳和他們見面，開心地給他們看明信片。

老先生很訝異。我把明信片夾進我們一起聊過的一本自我啟發書籍，把書也送給他了。我邀請他們到 Le Meurice 的酒吧喝一杯，在那裡暢談占星術，女士對這個話題很有興趣，然後一路送他們上計程車，因為他們要去吃晚餐了。

這時女士悄悄對我說：「我真的要好好謝謝您，因為您和我聊了密爾瓦基，讓我回想起人生中的快樂時光。我就是在那裡認識我先生的，那時我是私人飛機的空服員。我們的出身有天壤之別，然而他的朋友熱情接納了我，我在那裡度過非常美好的歲月。現在我們老了，因此才搬到佛羅里達。那裡的氣候溫暖多了，但是我很不喜歡這個州的心態。我覺得那裡的人非常膚淺，也因為如此，我真的非常高興能和您聊密爾瓦基。」

隔天，這度夫婦回到店裡完成購買項鍊的手續，店長應女性客戶的要求打電話給我。客戶希望我算她的星盤！她是雙魚座，上升水瓶座。巧的是，新系列的靈感正是來自星座。你猜得沒錯：丈夫也送了妻子一她的星座造型的胸針。我和這對親切的夫婦仍保持聯絡，我們會定期寫訊息問候彼此。

故事寓意

此處我們要進一步探討引導者教練兼培訓師的角色，說明三種才能：懂得克服某些客戶的「防衛心」、懂得娛樂，以及懂得觸發情感和快樂。

防衛心

與板著臉的冰冷客戶說話或許讓人氣餒。但是，對那些懂得如何跨越第一道障礙的人而言，這就像勇敢面對第一道海浪的衝浪者，熱情就在不遠處。只消找到對的鑰匙，就能打開保險箱。一如海底藏著珍珠的牡蠣，這些「卸下心防」的客戶內心也藏著寶藏。

菲德列克非常擅長這項發掘的藝術，因為他對客戶的人生充滿興趣，提出以客戶為中心的問題。他也分享了個人資訊，觸發接下來的一切。

零售娛樂

培訓師接手店長的工作，娛樂客戶。這項才能稱為「零售娛樂」（retailtainment），是「零售」（retail）和「娛樂」（entertainment）兩個字縮寫而成的新字。培訓師不進行銷售。他的作用是激發購買慾。兩人一組時，若其中一人稍微喪氣，另一人（可以是同事或培訓教練）的角色正是要全心專注在彼此的關係，「娛樂」他的客戶。簡而言之，情感導致決策。

要吸引客戶，就要採取來自神經科學的「參與的三大槓桿」：

1. **團體層面**，歸屬感。例如：「買下這件珠寶，我也是自由、獨立又堅強的女性的一員。」
2. **認知層面**。例如：「買下這件珠寶，我會學到一些關於珠寶的專業知識、其靈感和意義。獲得這些知識提升了我。」
3. **選擇層面**。例如：要說服孩子上床睡覺，就要給他們選擇（你想要八點睡，還是八點半睡？），如此能讓他們選擇，因而做出決定。

以下這則小故事可以說明參與的認知層面。這是極為華美的餐具品牌的銷售顧問告訴我的。有一天，這名銷售顧問向客戶展示一件精緻的綠色水晶花瓶時，知識淵博的客戶談起丁托列托（Tintoret，小染匠之意，由於其父的職業為色彩大師而得此稱號）運用的無數種綠色色調。這名顧問被激起好奇心，對丁托列托與其他擅長色彩的藝術家做了一些研究，由於她的研究，日後就能在該主題上「培養」未來的客戶。別忘了，當我們買下一件美麗的手工藝品時，就是帶給自己這縷額外的靈魂。培養好奇心和基礎知識，就是成功的其他關鍵。

情感和喜悅

菲德列克為這名客戶帶來的正是情感和喜悅，令她得以重溫快樂的回憶。情感是精品的構成要素，透過品牌、創作、銷售人員和客戶四方之間的神奇化學作用所產生。

一位男性友人告訴我一個發生在他身上的小故事，見證了這種常常在意料外的情感和喜悅。這個朋友某天到珠寶店的「景觀」沙龍，打算給妻子一個驚喜。負責他的銷售人員推薦一條品牌的代表性項鍊，似乎神奇地呼應了我朋友踏進店門時，所沒有的想法。在經過禮物包裝、悄悄結帳和告退的珍貴時刻後，我的朋友心想，這位銷售人員完成了一場近乎完美的「銷售儀式」，並認為這個大品牌的團隊除了用心招聘人員，一定還精心安排了教育訓練。無論如何，他一定也已經留下很好的回憶。

這位銷售人員用雙手以優雅姿態將禮物交給我的朋友，一路送他到店門口後，說了一句令他難忘的話：「祝福佩戴這條項鍊的人幸福快樂。」朋友被這份關心深深打動，這份關心立刻把他的心思帶到純然幸福的時刻，也就是把禮物送給他生命中的女人的那一刻。

這些話語的重要痕跡依然存在就是證明，如果需要證明，即精品行業就是情感製造所。精品銷售常常為客戶帶來意料之外的幸福感，這個美好的職業萬歲！

「細節成就完美，而目並不只是一個細節。」

——李奧納多．達文西（Léonardo de Vinci）

充電小歇

我推薦兩本書，以深入了解成功的客戶體驗核心中的情感議題：

✧ 威爾．吉達拉（William Guidara）的《超乎常理的款待》（Unreasonable hospitality，天下文化出版），英文版的副書名是「給予人們超乎預期的事物的神奇力量」，英文版於二〇二二年由 Optimism Press-Penguin Random House 出版。

《超乎常理的款待》的作者吉達拉是住在紐約的美國餐飲業者。他與主廚丹尼爾．胡姆（Daniela Humm）曾是 Make It Nice 餐飲集團的共同所有人，該集團成立於二〇一一年，擁有並經營的餐廳包括 Eleven Madison Park，這間傳奇餐廳以超凡的待客之道著稱，《紐約時報》

的皮特．威爾斯（Pete Wells）形容「以巧妙不懈怠的活動致力散播歡樂」。

他的款待之道不僅落實在餐廳客戶身上，更延伸到自己的團隊，後者學習讚美，批評時也要給出理由。他在書中解釋永遠付出更多的重要性，並講述服務生能像餐廳老闆一樣思考時可能產生的奇妙變化。以他之見，我們都能夠將平凡無奇的交易轉變成卓越出色的體驗。

✧《Retail Emotions - Retail in motion》，Alexis de Prévoisin 著，二〇二〇年，Absolues 出版。他在書中合裡地將客戶體驗比喻為愛情關係：

「如果品牌在零售中採用愛情的語言，會怎麼樣？」

以下是作者概述的應用在零售業情感策略中的五種愛情語言：

- 令人開心的話語（讚美、認可）
- 優質時光（溫暖的對話、關懷的傾聽、信任、建立連結）

- 給心愛之人的禮物（禮物甚至不需要象徵意義）
- 幫忙對方（咖啡、配送、給孩童的空間等）
- 物理接觸（利用品牌的五感）

我們常常在培訓教室播放〈愛的口香糖〉（Le chewing-gum de l'amour）短片，說明這種愛情的情感曲線：https:// www.dailymotion.com/video/x3dun44

9 危機處理的優雅訣竅

化危機為轉機

這個故事發生在中國。其實是一則故事中的故事，是 The Wind Rose 成員拉余（Eric Lahure）分享的親身經歷。

我為一個知名珠寶鐘錶品牌的當地銷售團隊編寫一套教育訓練模組，並帶領培訓，目標是以有效和有品質的方式，處理與客戶之間可能發生的棘手情況，主要是在售後服務和維修方面，這是客戶關係中我特別在意的面向。我設計的教育訓練模組集結了這些情況的溝通和理解技巧，以便將之轉化為新的銷售機會。

於是我前往上海，與一群共二十五位的銷售顧問會面。我在一名年輕能幹的女性翻譯人員的協助下主持培訓，她在各個工作坊中將我的話與對話翻譯成華語。我們快速調整好彼此的發言步調，盡可能為來賓將這項必要的不便降到最低。同步口譯再加上中國文化的特性，參與者非常內向，不太願意發言，除非用眼神示意並點名。於是，培訓課程在順利熱絡的氣氛下展開，因為對建議和支援的需求相當大。

有些情況確實無能為力，因為即使銷售顧問盡全力，也還是不可能滿足某些客戶的要求。在這個臨界點，就會出現非理性，伴隨著憤怒、辱罵、不禮貌的言行和無法接受的行為。

當一切都毀了，還有救嗎？

為了理解「一切都毀了」該怎麼做，我介紹了「悲傷曲線」的概念，此處較隱晦地稱之為「變化曲線」，這是心理學家庫柏勒－羅絲（Elisabeth Kübler-Ross）在一九八〇年代提出的觀點。這個理論極為適用於難解的商業狀況，客戶會依序經歷震驚、否認、憤怒、恐懼、哀傷、接受，然後恢復。顧問的任務就是要陪伴客戶，直到接受和恢復，同時要有力量面對恐懼，也就是最驚人的階段。

其中一名女性參與者鼓起勇氣，告訴我幾個月前經歷的故事。

一位男性重要客戶到品牌位在知名購物中心的店內，要求一項無法達成的服務。銷售人員禮貌回絕的否定答案激怒了他。他的怒意上升，言語和行為都超過社會禮儀的界限，商店別無選擇，只能請他離開，由保全人員護送到店門外的安全距離處，整個過程中，侮辱、恐嚇和咒罵齊飛。

尊敬但明確地被「恭請出門」後，這名男子決定留在原地，依照「門口保全」要求的最小距離，站在購物中心的走廊上。他在那兒站了一整個下午，神情猙獰，眼神兇惡，壓抑滿腔怒火。銷售團隊恢復平靜，下班離開店面時，悄聲向男子打招呼。

令他們驚訝的是，第二天早上，那名男子又來了，一樣保持安全距離，眼神仍然兇惡，不太說話，下顎緊繃，決心堅守這座抵抗他的堡壘。團隊依舊帶著敬意和微笑向他打招呼，低調但確實。

隔天，同樣的場景繼續上演，男子決心維護自己的權利。接下來的日子也繼續著。

整個事件長達整整一星期，這段期間，銷售顧問們會給他一個眼神、一個微笑、一些小小的關心……「您要不要喝杯茶，還是喝杯熱水？」、「先生，您今天好嗎？」他癟嘴拒絕，發出動物般的咕噥聲。

隨著時間過去，怒氣的強度自然而言降低，這位客戶的頑強也軟化了。幾天後，也許是出於倦怠，但無疑要感謝所有工作人員和他保持的連結，這名客戶謙遜地重新走進店門口，店長謹慎禮貌地接待他。然後進行快速的談判：「如果我們能夠進行尊重、冷靜、有禮貌的談話，您願意再次蒞臨本店嗎？」

男子同意了，「棄械投降」，關係重新連結，客戶進行新的購買，修復了忠誠度和信任。

這位銷售顧問的故事在全體的掌聲中結束。我熱烈感謝她，一是願意分享這個精彩故事，再者，她也向受訓團體和我自己證明了教學主題的效果。

故事寓意

培訓中的這一刻是神奇的時刻，即使有語言和文化隔閡，培訓師和學員仍在雙贏的關係中，一起建立了共同獲得的的知識和才能。

銷售顧問講述的故事說明了著名的「悲傷曲線」，她和她的同事憑直覺和勇氣依循這道曲線，因為在精品這個講求環境敏感、高度安心的世界中，客戶的怒氣是銷售顧問最可怕的惡夢。

敘述親身經歷的故事，就是學員給培訓師的禮物，讓理論議題變得實在（議題本身照理說是有爭議的），對受訓團體而言成為親身經歷的證據。「如果這對她有效，那未來對我應該也有效……」

不過，且讓我們花一點時間，關注這位銷售顧問講述的故事主題：這就是我們所謂的「關係惡化」、「衝突情況」、「關係緊繃」，或是其他所有適合描述「大問題」的優雅形容詞。

沒錯。並非只有鐵路、經濟和社會改革，或執法機關和一般人之間的關係，才會出現衝突。精品領域也有衝突。

為什麼？因為精品的本質就是情感。

帶來夢想、讓夢想成真、讓客戶有機會滿足內心最深處的需求，即自尊心、社會認可、舒適度、精美的工藝、創新，或是單純因為客戶「欣賞我們品牌」，這些都是我們這個職業存在的意義。

因此，品牌透過帶來的體驗，努力「刺激」我們的情感。造訪店面是愉快精緻的感官體驗；銷售顧問的微笑、厚厚的地毯、柔美的燈光、提供的咖啡和巧克力的選擇、我們受邀入座的扶手椅的舒適，甚至是精心調節的空調，或是若有似無的淡淡空間香氛，全都是感官元素，將為客戶的珍貴此刻留下情感記憶。要人怎能不被這股正面情感的旋風擄獲？

用法式機智化解衝突

然而，精品世界和其他領域一樣，也會發生意外事件。令人失望的無常。就像英國人所說的「glitch」，這些差錯粉粹了美夢，讓夢想重重撞上無法動搖的現實之牆。有如在熟睡的夜裡被潑了一陣冷水：「我的腕錶壞了。」「蛋面切割寶石自己掉了，不是我弄的。」「我的包包整個都刮花了。」有太多太多事件可能發生，人生就是這樣！夢想愈美，摔得愈重。

於是，暴風雨來襲，伴隨著負面情緒的轟雷與不理性的閃電。輕微的無理言行之後，緊接著是侮辱，然後是恐嚇：「我認識你們的老闆！」（您可真幸運！）、「你不知道我是誰嗎！」（呃，其實知道。）、「我要在網路上毀掉你們的名聲！」（您當然有權這麼做。），族繁不及備載……精品銷售顧問對這些再熟悉不過，一如銀行人員、航空公司或稅務機關人員，他們也都會遇到必須處理的「惡化狀況」。這就是工作的一部分。衝突的經驗是一個過程，就像入會儀式。

為了克服這項考驗，我會鼓勵我培訓的銷售顧問在遇到此難題時，運用以下三個方針：

- 客戶表達的憤怒、恐懼和焦慮是針對經歷的情況，而不是針對你：若能保持一點距離，將有助於適當地處理客戶的狀況。
- 「危機」就是「轉機」！發生衝突的客戶就是絕佳的潛在客戶：只要客戶還在大吼大叫、還在哭泣抱怨，就表示他們有期待要滿足！
- 如果成功安撫發生衝突的客戶（通常都會成功），客戶也會對你產生感激之情。我們有太多真實故事可以證明這一點：「救救我吧，我會永遠感激你的。」

永遠不要忘了：我們都是「人」

修復惡化的關係，就像修復鐘錶或珠寶，要花心思、技藝和人情味。

衝突和情況惡化的議題極為敏感，需要培訓師的敏銳度和高度謹慎。因為並不是每個人都有能力應對憤怒的客戶。個人實力往往是透過經驗和學習建立的。

培訓師必須謹記，自己並不是擁有正規資格的執業心理師：因此，他必須充分了解自身能力的極限，才能在角色扮演遊戲的情緒太激烈時喊停。他也必須透過觀察和細心傾聽，確認自己經歷這些狀況中的粗暴言行的能力，即使只是在培訓教室中的模擬練習。

無論是實體商店的銷售顧問，或是電話客服中心的電話顧問，安心、信任、不自負都是培訓師的必備特質，才能成功處理這類特別棘手的議題。

最後，參與者是團體的成員，他會在同儕的善意關注和支持下與其互動。帶領關於衝突的教育訓練時，比其他客戶關係的主題更要相信團隊，他們的疑慮與各種想法都要欣然接受。

充電小歇

✧ DESC衝突解決法，夏朗・安東尼和戈登・鮑爾（Sharon Anthony & Gordon Bower）提出，一九七六年。

✧ 《戲劇三角》（Le Triangle dramatique），史蒂芬・卡普曼（Stephen Karpman），InterEdition，二〇二〇年。

✧ 哀傷曲線，伊莉莎白・庫伯勒－羅絲（Elisabeth Kübler-Ross）提出，一九六九年。

✧ 依照SONCAS模型提出的購買動機。

✧ 根據馬斯洛金字塔（Pyramide de Maslow）列出的基本需求。

10 延遲滿足的妙用

一切都有可能

這則是由班恩希－莫納斯塔利奧（Nathalie Banessy－Monstario）分享的親身經驗。故事發生在威尼托大區（Vénétie）一座富裕小城市中的高級鐘錶珠寶店。

店經理總是第一個抵達，他堅持親自布置櫥窗。珠寶店的安全措施非常嚴格：每天傍晚都會取下櫥窗裡的珠寶，將它們小心翼翼地排放在托盤上，放進外殼以皮革製成的珠寶盒，在保險箱裡沉睡一整夜。每天早上開店之前，必須依照季節、節日活動、新品，在尚未升起的鐵門後方，日復一日重組展示或呈現。

這項任務讓大部分珠寶銷售人員又愛又怕，他們要戴上棉質白手套，避免精緻的鐘錶珠寶刮傷和沾上指紋。

首先是腕錶，我們詩情畫意地稱之為「時間守護者」（garde-temps）。為了展示錶盤的細節，無論是手動或自動上鍊，機械錶都會調至十點十二分，這是指針最好看的角度。其實，依照上鍊的方式，腕錶有可能在白天就停止不走。保證時間精確的石英驅動腕錶也會每天確認，確保完全精準。

再來是珠寶。每個櫥窗都要訴說故事，而且往往富含寓意：訂婚、誕生、旅行、畫作……依照欲表現的場景嚴格挑選珠寶作品。這些作品小量呈現，以突顯每一件珠寶，使其「一目了然」。畫面的規劃以三角形（矩形或等腰三角形）設計，讓目光可以快速理解故事整體。神經科學證明，路人平均需要三秒才能領會構圖，因此務必要打造出醒目的亮點。

喬凡尼剛剛布置好他的櫥窗，站在對街的人行道上檢視整體，他注意到一個年輕的男孩，很可能是附近大學的學生，在一支腕錶前停下腳步，那是一只不鏽鋼潛水錶，然後繼續往前走。

第二天，喬凡尼在人行道上做最後清掃時，他注意到同一個大學生仍入迷看著同一支腕錶。第三天，當大學生再度停下來時，喬凡尼走近他，告訴他這支錶的歷史。這是鐘錶史上的第一支防水錶，是為了馬拉喀什的「帕夏」（pacha）設計，因為他希望在泳池裡游泳池也能注意時間。

接下來的日子也一樣，直到有一天，店長邀請這個年輕人試戴腕錶。大學生有點窘迫，他確實很愛這支手錶，但是他沒有能力買下來。

「就當做是為了我吧，早上店裡沒什麼人……而且我看得出來，您真的很喜歡這支錶。」店長語帶請求的說。

喬凡尼引領大學生到一張鑑賞桌前。然後他帶來錶盒，一手戴上白手套，小心從盒中取出腕錶，放在皮革製的展示托盤上。大學生終於能夠實現夢想，試戴手錶了。

大學生要離開前，喬凡尼對他說：「要這樣想：這支手錶現在稍微算是您的了，想試戴的時候隨時過來！」

幾個星期過去，大學生有時候只是停在櫥窗前靜靜看著，有時候則會到店裡試戴「他的」錶。他和喬凡尼之間建立起一種關係，後者對他解釋自動上鍊的奇妙之處：只要手腕的活動就足以補充動力；有時候，他們只是一起在這支令人夢寐以求的物品前，一起喝咖啡。

有一天，大學生在他後來愛上的鑑賞桌前坐下，喬凡尼正要去取錶盒時，他告訴喬凡尼，這次他不是來試戴「他的」手錶……而是來買下它的。他剛畢業，努力存錢，終於可以買下「他的」手錶了。

故事寓意

從這則動人的故事中，我們可以得到三個教誨：延遲滿足、試戴的重要性，最後是激勵人心的敘事的概念，透過實體和數位櫥窗皆然。

在鐘錶珠寶業中，大部分的銷售過程都相當漫長：凡登廣場的一些「頂尖銷售人員」（grand vendeur）說，有些銷售耗時好幾個月，甚至好幾年。在這個產業中的銷售人員必須要有耐性，有時候甚至到過度耐心的地步。必須展現高明的情緒智慧，不斷輪流採取慷慨和果斷的態度。

心理學家史坦利（Colleen Stanley）根據美國一九七〇年代的一項實驗，解釋著名的「延遲滿足」（delayed gratification）理論。延遲滿足是為了稍後的獎勵而抵抗立即獎勵的能力。這展現出自我控制，接受無法立即獲得獎勵，做更長遠的規劃以接受延遲的好處。沃爾特・米歇爾（Walter Mischel）以一九七二年進行的棉花糖實驗而出名。這項實驗是讓一群四歲兒童，選擇立刻吃掉一顆棉花糖，或是等待後得到兩顆棉花糖。參與實驗的五百個孩童中，有三分之一抗拒了誘惑。沃爾特・米歇爾的圖隊，持續追蹤這些孩童長達三十年以得到結論，亦即耐心和自制力，是職業和個人成就的保證。

根據他的說法，懂得等待能在大學入學考獲得更佳成績、更能有效處理壓力、更有自信。以下是依照心理學家史坦利所說，延遲滿足會在三個方面影響業績：

- **開發潛在客戶**：選擇這種做法而非立即滿足的銷售人員，即使每日業績很令人滿意，還是會花時間每天探勘潛在機會，培養所謂的人脈（networking）和經營客戶關係（clienteling），為未來做準備。
- **培養能力**：熱衷這項策略的銷售人員會自我鍛鍊，精進在銷售對話方面的能力。他會在潛在客戶身上，投入時間和精力進行持續交談，因為他知道可能在兩天後、兩個月後或兩年後達成銷售。
- **高金額銷售**：史坦利所謂的「獵捕大象」曠日費時。要促成大筆生意成交，是沒有立即滿足可言的。選擇延遲滿足的銷售人員會花費時間規劃與潛在客戶的對談，深入了解對方的生活、周遭環境、喜好和渴望，準備適切的問題和推薦，辨認真正的購買決策者等。

等待「最恰當的時機」

在我們的故事中，喬凡尼精通這項能力，並結合另一項才能，也就是不過早評斷對潛在客戶的購買潛力。有多少筆銷售敗在這個錯誤上？我自己也常常因此吃虧而證實這點，擅自揣測斷定客戶的「份量」，是相當危險的。經過努力「改善」這個認知偏誤，我確實與許多我以為沒有能力購買我們服務的品牌，達成很不錯的交易。

讓我分享另一個延遲滿足的小故事，出自The Wind Rose其中一位顧問加利斯（Aurore Gallice）親身經歷，出自她之筆，〈價值10萬歐元的一杯咖啡〉：「很長一段時間，我以為巴黎高等政治學院的老師們口中成功的基石，也就是『人脈』，就是參加所有活動、酒會、會議、線上研討會和其他專業沙龍。這固然很有意思，但很有效，我也不清楚……我也學到另外兩條寶貴建議，比較交心、比較個人，這就是我所遵循的。

一位任教於巴黎第十大學、我忘記名字的女教授告訴我要「告知近況，也了解他人的近況」，然後她補上一句：「節日時要祝福對方，並聊聊你的假期」，總之要「對人際關係花心思」。

某次實習時，一位女性負責人對我說：「從今以後，我就是你的人脈了。」務必明白：要對親近的人脈花心思，也就是朋友、同事、前同事……

後來，一個兒時好友的大嫂在 LinkedIn 上聯絡我，想要喝杯咖啡聊聊時，我一直把這點放在心裡。我當然立刻答應了。她剛轉行成為數位設計師，想要談談獨立接案和當員工的優缺點。我們在露天座聊得很愉快。

幾個月後，我收到她的消息，她在一間培訓公司當員工，過得很好。最近她需要加強數位學習模組的設計，我們剛簽下一份將近十萬歐元的合約。當初我是否想到有這一天？當然沒有？那我開心嗎？當然啦！你能想像，這一切只花了我一杯咖啡嗎？」

我也要用蘋果樹的比喻來總結延遲滿足的主題，這個比喻更上一層樓，因為暗指另一種才能，就是等待「最恰當的時機」。在 The Wind Rose 的客戶關係經營培訓中，我們常常這個比喻：

- 我們可以坐著等蘋果掉落地面，但蘋果可能會碰傷，或被其他人撿走。

- 我們也可以跳起來碰到樹枝扯下蘋果，但可能會折斷樹枝，摘到苦澀的果子。
- 或者，我們可以選擇一顆最漂亮的蘋果，手放在下方等待，在蘋果決定落下枝頭的時候接住，有如大自然的禮物。

試穿、試戴的感性意義

快速將渴望的物品放到潛在客戶手中，就是致勝策略。無論是腕表、領帶、洋裝、鞋履、耳環，甚至是水晶玻璃杯或餐盤，光是將產品拿在手中，能夠觸摸（例如喀什米爾或皮革）、感覺，就能讓你感到自己彷彿已經是物品的「主人」。我自己是顧客時，有多少次因為銷售人員自己拿著產品而不是交到我手中，我為此感到可惜。

而喬凡尼則深諳這點，讓大學生快速試戴這只腕錶，就能讓他深深被物品吸引，他的想像力開始運作，對這支腕錶魂牽夢縈，直到為它臣服。

最令人讚嘆的設計品也是如此。可惜它們往往遙不可及，因為絕少展示或提供試用。展示和提供試穿試戴，這本身就是銷售！我記得一位出色的女性銷售人員，她總是讓所有客戶試戴系列中最珍貴的珠寶，甚至在推銷介紹結束時，讓顧客試戴寶石帶狀頭飾，鼓勵一同前來的人幫他們拍照留念。她打破所有銷售紀錄……限制性信念往往是導致行動失敗的原因，然而這些舉動是如此簡單又如此有效。

敘事，精品銷售的關鍵

這則故事中，品牌的敘事透過兩個管道傳達：一個是喬凡尼的講述故事，另一個則是同樣「能言善道」的櫥窗。透過對講述這位東方帕夏的故事，喬凡尼將大學生帶到場方，賦予這件物品額外的靈魂。

敘事就是精品牌的基石，無論櫥窗是實體還是數位，都是絕佳的情感觸發工具，也是銷售的強大助力。傳統櫥窗會吸引路上的客戶，促使他們推開店門，就像本篇的故事，而數位櫥窗則能創造客戶親臨店面，或是在線上購買的慾望。

精品牌有如夢想製造機。只要造訪品牌的精美網站，或是觀看如今的影片（有些出自國際知名導演之手），就會深信這一點。

充電小歇

✧ 珂琳．史丹利（Colleen Stanley）是知名的美國銷售教練、講者。

✧ 珂琳．史丹利，Emotional Intelligence for Sales Success: connect with customers and get results，Amacom 出版，二〇一二年。

✧ 沃爾特．米歇爾（Walter Mischel）是奧地利裔美國行為學家，也是史丹佛大學的研究員。最知名的是於一九七二年進行棉花糖實驗。

✧ 沃爾特．米歇爾，《忍耐力：其實你比自己想的更有耐力！》（*The Marshmallow Test: Mastering Self-Control*），時報出版，二〇一五年。

我也強烈建議各位看看〈Inside Chanel〉的影片，以了解這位偉大的女士的一生，以及聆聽愛馬仕的播客，從〈Faubourg des Rêves〉到〈Enquêtes de Pénélope〉。

11 與顧客建立法式關係

情感旋風

這個故事發生在日本，如各位所了解，也就是我心之所在的國家。一個高級鐘錶珠寶品牌請我前去訓練他們的銷售團隊。這場實地培訓，是在品牌量身打造的銷售儀式，在銷售現場執行一陣子過後才舉辦的。目的要追蹤團隊現場培訓的進展，協助管理者讓團隊落實新方針，並持續深植這些方針，以提升業績。

我接下來要講述的三個場景，都發生在座落於著名的銀座大道上的旗艦店，就在東京最時髦的街區。

當時是早上九點四十五分，商店再過十五分鐘就要營業了。我受邀參加團隊對團隊的晨會，告訴她我的觀察，並分享一些建議。

八名銷售人員安靜地一字排開，服裝完美無比，臉上寫滿嚴肅和專注。大部分的銷售人員是日本女性，只有一位會說雙語的中國女性銷售人員，她的任務是協助二〇一〇年代末湧入日本的中國客戶，讓銷售更順利。現場一片井然有序，大家看起來都很有紀律，也非常專業，店長鄭重宣布前一天的業績，然後介紹剛剛抵達的新系列，告知當天的目標銷售額，提醒和客戶的預約、需要再度接洽的潛在客戶名單，最後解釋了我到現場與他們度過兩天的原因。

她一口氣說完，不時看一眼手裡拿的小紙條，上面只有五個關鍵字和數字。一陣優美的輕柔音樂響起，表示鐵門升起的時間將近。有如一場編排行雲流水的芭蕾，從銷售助理到頂尖銷售人員，每個人都回到各自在賣場的崗位，店長則示意我跟她進辦公室。她報告的時候，我做了一些筆記，現在準備盡可能以圓滑的方式表達我的想法。雖然我熱愛跨文化交流，但眼下我擔心自己失策，冒犯這位超級專業管理者的感受。不過，除了指導團隊，我的任務還包括傳達母公司在管理技巧方面的一些訊息。我預料會有疑慮和不情願，但我還是開口了。

我盡可能以最委婉的方式，先讚美她在溝通方面架構清晰，然後介紹讓團隊多參與簡報能提高其動機的優點，因為單向傳達的缺點會讓聽者變得被動且不投入。我興奮地試圖向她解釋這個觀點時，我注意到她的臉上沒有透露絲毫情緒。她按照規定做了一些筆記後，用禮貌但強烈的語氣對我說：「在日本，很難做到您所說的。銷售人員太害羞，不敢開口。他們不習慣這種做事方法。」在日語中不會說「這不可能」，而是會委婉表達「這很困難」。聽到這個字時，我心想這會是一場硬戰，但我沒有投降，並提議第二天由我親自和她的團隊做簡報，證明這是可能的。

如何誘發對方的「意願」？

我要求他們在營業前三十分鐘集合，而不是規定的十五分鐘。是同一群銷售人員，依舊有點拘謹，臉色凝重，我能看出他們的時而焦慮、時而驚訝。店長退居後方，宣布這次由我向他們做簡報。這可是跨出一大步啊！教育訓練就像心理諮商，除非雙方都有意願，否則是行不通的！

於是我先開始提出下列的開放式問題。考慮到日本文化，我很清楚不會得到太多答案，甚至最多就是微笑或點頭，但這確實有助於為整體定調：

- 「你們對這次的教育訓練有什麼感想？」

- 「你們有什麼期待」
- 「哪些是你們擔心的事？」

問完後，我點名兩個團隊的成員：

「直美小姐和張小姐，我想請你們說說，昨天下午和一對來自上海的母女，達成的精采銷售，一定可以讓同事學到很多。」

其實我可以問自願回答的人，但是我知道那是不可能的，因為日本人很怕在同事面前丟臉。因此，我特地記住團隊其中兩個成員的名字，並讓兩名女性銷售人員一起回答，而不是單獨一人，讓一位較不害羞的中國銷售人員和日本銷售人員一組。這麼做很冒險，因為在集體主義的社會中，為了團體的利益，個人會被忽略，不過我選擇團隊中最年輕的銷售人員，因為我知道新一代通常比上一代較個人主義。最後一個擔保就是，我和委託我的公司同樣來自西方，因此我可以名正言順地傳播並測試新作法。

直美緊張地笑了一下，用手遮著嘴以免露出牙齒，不過在張小姐的鼓勵下，她從團體中站出來，開始詳細描述與客戶的認識、同事的寶貴協助，以及成功達成兩筆銷售的策略。幾分鐘後，她在同事們的熱烈掌聲中回到他們的行列。令我驚訝的是，甚至在我稱讚這兩位主角之前，團隊紛紛舉手要分享其他美妙的成功。贏得第一場比賽讓我輕鬆許多，現在我請團隊進行練習。主題是：「如何成功經營客戶關係？」

一步一步添加溫度，提升意願

我請他們分別思考自己最好的客戶（並非從營業額的角度，而是從親近程度、甚至親暱度），並且輪流告訴我一個或兩個關於客戶的有趣資訊。只有一位女性銷售人員和我談論她的客戶。這並不讓我意外，因為在文化上，日本人不傾向問太多問題，也不太願意回答。愛子小姐是活潑有活力的年輕女性，我得知她擁有中國和日本雙重文化背景，因而能對中國客戶成功完成許多銷售。她說到一對六十多歲的客戶，他們每年來東京兩次，對珠寶和腕錶花費不菲。她和這對夫婦聊了很多，知道他們有一個三十歲的女兒，單身和他們同住；他們在香港有另一個住所，熱愛日本，擁有一座馬場，收藏藝術品，七月十七日將要慶祝結婚三十五週年。

我再度以腦力激盪的方式對團隊說話，請他們思考，在了解他們的生活方式與興趣的情況後，這對夫妻可能會喜歡什麼。但我沒有得到答案，因為輕柔的音樂打斷了我的簡報。大家在店內各就各位，準備迎接本日的第一批客戶，我則和前一天一樣，處於影子模式（shadowing，如字面之意，有如影子），假裝調整視覺陳列（visual merchandising，店內的產品呈現）或是裝作對某件物品特別有興趣，才能靠近到足以觀察和聆聽互動內容，才能進行良好的會後檢討（debrief）。

這天的時間過得飛快，我還來不及問愛子，她是如何持續關心中國客戶並促使他們回來找她，當天晚上，我就搭上往首爾的班機，繼續我的任務。

從不敢開口到主動分享

一個月後，驚喜出現在我的收件匣裡。日本分公司的老闆告訴我，愛子與客戶的成功案例。

教育訓練結束後，很有繪畫天份的愛子自費報名了晚間畫畫課，精進畫藝。然後她和這對夫婦的女兒聯絡，藉口她父母的結婚紀念日快到了，請她寄一張父母的照片，但不要告訴他們。接著，她以這張照片為藍本，畫了一幅可人的小幅畫作，子公司老闆在信中也附上這幅畫的照片。

這對夫婦到京都慶祝結婚紀念日的前夕，和女兒一起前來拜訪愛子。愛子在貴賓室以香檳接待他們，單純送上她的禮物，沒有向他們展示任何品牌的商品。夫婦倆感動地泛淚，熱切向她道謝後便告辭。

儘管對自己的一番心意沒有得到立即回報有些失望，愛子並沒有再次聯絡他們，而是靜靜等待。十天後，這對夫婦從京都回來時，再度來到店裡，先生買下一件鐘錶精品，那是一只高複雜功能的陀飛輪腕錶，價值高達三十五萬歐元。

這項回報遠超過愛子的期待，她也沉浸在旋風般的情緒中呢！

故事寓意

我們在這裡要聊聊成功做簡報的方法，然後探討RAK（Ramdom Act of

Kindness），也就是隨手行善之概念，介紹必勝的客戶關係經營。

晨會

會報（brief）是英文字「briefing」的略稱，源自軍事領域，意思是指示、指令。會報是針對一人或多人的簡短溝通，目的是動員一項或多項期待得到快速好成果的行動。在精品零售領域中，會報通常在早上店面營業之前進行，此時團隊全員或大部分的成員都在，被視為有力的管理手段。

管理者進行會報的方式有兩種，一種是所謂的「上對下」或單向方式，另一種則是「互動式」或雙向方式。

在解釋這兩種方法各自的優缺點之前，我想先分享一個重要觀念：業績與在執行工作中的樂趣成正比。Apple Store 就深諳此道，他們的匯報就是最佳說明。他們以「對結果施壓會造成壓力，然而預期和準備則會帶來愉快，因而成功」的原則，他們採用所謂的「下載－上傳」（download-upload）技巧，選擇「質」重於「量」的會報。

每天早上，管理者會「下傳」資訊，不提任何目標營業額；每天晚上，要求當地團隊講述一天的重要事件以「上傳」現場資訊。

現在讓我們來看看上對下會報的優點和缺點。

優點

- 明確簡潔地傳達訊息及管理者的期望。
- 傳達特定主題的學問或知識。

缺點

- 可能導致自說自話。
- 可能造成誤解。
- 可能造成被動和無趣。
- 可能造成異議，甚至遭到拒絕。

現在，我們要來看看互動式會報的優點和缺點。

優點

- 全員投入參與。
- 員工之間的經驗比較與分享。
- 營造信任與建設性合作的氛圍。

缺點

- 需要較多的準備時間。
- 可能時間利用不佳。
- 談話可能偏離主題。
- 對新人員工而言不夠有「指示性」。

我們先從好的會報關鍵開始，簡報的架構需要充分準備。在我們的培訓中，我們建議在所有會報之前列出：

- 主要議題、主要問題。

- 實際、可衡量的目標。
- 會報可以提出的問題或反對意見，以及需要提出的答案。

十到十五分鐘的會報，從破冰開始以緩和氣氛，接著依照要討論的各種主題分配時間，諸如前一天的業績、當日目標營業額與達到目標的各種方法、當天的規劃、聚焦於一位或多位客戶、強調特定主題：產品、能力、人力資源議題、競爭資訊、關於精品的普通知識等，說明主題時皆遵循管理者/員工交替的方式，以達到良好平衡，讓在場人員盡可能參與。

重點

- 態度、非言語層面的重要性，開放有朝氣的姿態。
- 仔細觀察聽會報者，辨別哪些人信服、哪些人心存懷疑、哪些人缺乏動力。
- 提問（與銷售中同樣重要）有助於引導他人表達，鼓勵分享建議和主動精神。
- 重視好的想法或成功案例。

- 重新措辭，以釐清及避免任何疑問。
- 舉具體的例子，運用比喻。
- 角色扮演，可確保團隊充分理解與使用預期的能力。

最後，我要和各位分享以下的首字母縮寫字，結束這個主題。Brief必須要：

- **簡短**（Bref）：明確、具體、簡單、精確。
- **與情境有關**（Relié au contexte）：品牌、產品、流程、銷售階段、步驟。
- **互動**（Interactif）：包含所有人、有參與性。
- **吸引人**（Engageant）：活潑、激勵、有凝聚力、鼓舞人心。
- **實在**（Factuel）：實際、可衡量。

必勝的客戶關係經營策略

故事中，年輕的愛子表現出大膽、好奇心、少有的主動，運用了對客戶的細膩了解。她能夠發揮想像力，在不知不覺中，對她的中國客戶實踐了「延遲滿足」，以及前面提到的「隨手行善」（Random Act of Kindness）。

在 The Wind Rose，我們最近在領英（LinkedIn）上發表一篇關於RAK的文章。大意如下：未來的精品客戶體驗，將取決於品牌大使主動將善意化為新準則的意願。透過運用RAK或「隨手行善」，其定義是不求回報的付出和接受，並且樂在其中，如此我們才能超越帶給客群的體驗。赫伯特（Anne Herbert）在《隨機的善意與無意義的善舉》（*Random Kindness and Senseless Acts of Beauty*）一書中說明這個概念。

試想，一個簡單的舉動就能讓人難忘。「隨手行善」是未事先計畫，沒有明顯一致性，是為了對外在世界表現善意。

讓我們來看看善良這種常被忽略的珍貴軟實力。依照當代哲學家賈夫朗（Emmanuel Jaffelin）所見，善良這種被認為過時的美德，正在成為未來的美德，「溫暖且療癒人心」，「令人變得崇高」的美德。善良（gentillesse）就是慈善，是高尚的情操，中世紀時，貴族不也稱為紳士（gentilshommes）嗎？善良是「可行的」道德，「基於力量而非出於義務的道德」。他繼續區分尊重、善良和關懷的差別：尊重是冷漠的同理心，善良是溫暖的同理心，關懷則是火熱、冒犯且具侵略性的同理心（就像《艾蜜莉的異想世界》中的艾蜜莉）。

錢無法度量的純真、善意與關心

話題回到愛子的客戶：顯而易見的成功和財富，使他們負擔得起一切，所以很容易就能想像，當他們收到金錢買不到的驚喜時，那份感動來自於最純粹的善良、好意與關心。

為了進一步闡述這個強而有大的概念，是成功的銷售或情感客戶關係經營的保證，以下是一則同樣來自東京的小故事。

現場訓練的第一天，我親眼目睹了其中一位銷售人員潤和兩名客戶之間的互動。客戶是兩個來自新加坡的好友，第一次造訪日本，兩人都是熱愛這個擁有豐富傳統的國家。從她們放在店門口的大包小包，就能看出她們對陶瓷、漆器、知名的和紙（日本紙）及其他日本手工藝品的興趣。儘管潤卯足全力，這對好友卻在兩條手鍊之間猶豫不已，無法決定該買哪一條當作這趟旅行的紀念。當她們一起從鑑賞桌旁的座椅起身，表示要離開時，我無意間看見潤的窘迫神情和他的無聲求助。於是我放下「影子」角色，違背了教練不介入受訓者的銷售的過程，我跳出框架，詢問這兩位客戶打算如何度過在東京的下午。

她們非常興奮地告訴我，要和佐佐木苑子見面，她有「人間國寶」之稱。從表演藝術到手工藝領域，人們皆如此稱呼精通擁有古老傳統技藝者。佐佐木苑子是絲質和服的染織作家，曾多次以繭綢和服作品獲獎，繭綢是使用以橡樹葉為食的野蠶，所結的繭製成的絲織品。

我提議幫她們保管數量眾多的購物袋，讓她們可以空出雙手，充分享受拜訪這位偉大女士的難得時光。潤叫了計程車，她們前往這場保證難忘的會面。

善用機會教育，為銷售現場產生激盪

我選擇此時集合銷售團隊的成員，讓他們思考如何讓這兩位客戶在一天結束回到店裡時感到欣喜。她們對日本手工藝的愛好激發出許多點子，而且都非常切題，不過其中一個點子贏得全體的支持：送風呂敷。

風呂敷是將方形布料折疊打結的技巧，在法國也常稱之為「織品摺紙」（origami

du tissu）。風呂敷的用途多變，可以包裹或攜帶物品，還能搖身一變成為可愛的布包，織品上的圖樣令人聯想到傳統或現代和服。

快、快，潤和一位女同事在管理者的同意下，奔往知名的三越百貨（也就是我的職業生涯起步之處），帶回兩塊漂亮的風呂敷，非常簡單實惠，但即將發揮小小作用。

兩位好友回來時，正好遇上店鋪打烊的時間，和佐佐木大師的悠閒時光，以及之後去參觀知名的淺草老城區令她們開心不已，興高采烈地在圍觀店員的驚訝目光下，展示她們買的和服。這些服裝精美無比，一件是以金色點綴的藍綠色調，帶有日本的吉祥之鳥，鶴（傳說壽命長達千年），而另一件則是古典玫瑰和珍珠色，呈現櫻花，也是日出之國的象徵。幸運的是，選擇的風呂敷色調和華美的和服非常搭調。

兩位女性發現這些出乎意料的關切，深受感動，不停道謝。離開商店時，她們答應回新加坡之前會再過來，第二天她們真的來了，向詫異的潤買下手鍊！

我要以所謂的「3R」法為這個小課題做結束，這是我們在培訓時會提出的作法，簡單好記，而且效果絕佳：

1. **雷達**（Radar）：定期聯絡客戶，持續關注他們的狀況。

2. **重提**（Rappel）：提起客戶前一次在店內、電話中或文字訊息對話時提到的資訊。

3. **獎勵**（Récompense）：以有形或無形的禮物獎勵客戶，例如他會有興趣的資訊。

獎勵不一定要是特定預算的購買。最受珍視的獎勵往往是無形的，例如一份情感，一個難忘的時刻或體驗，像是：

- 品牌工坊的私人參觀
- 由品牌藝術總監帶領的大師班或講座。
- 市區最新開幕的葡萄酒吧的網站連結。
- 推薦他最喜歡的料理類型的餐廳，客戶去度假的地區的旅館，或是慶祝生日的特別地點：

1. 客戶孩子適合的藥品名稱，或是為客戶的狗狗推薦寵物美容師。
2. 客戶特別喜歡的主題的播客、TED演講的連結或書籍。

充電小歇

✧ 安妮．赫伯特（Anne Herbert），《實踐隨機的善意與無意義的善舉》（*Random Kindness and Senseless Acts of Beauty*），New Village Press 出版，一九九三和二〇一七年。她在本書中描述善舉的真實故事。她採用俳句形式，簡潔有力的文字。

✧ 搭配小田真由美（小田まゆみ）的繽紛水彩插畫，解釋每個人如何成為善與美的使者。

「人們會忘記你說過的話，會忘記你做過的事，但永遠不會忘記你帶給他們的感受。」

——瑪雅．安傑羅（Maya Angelou），美國詩人

12 如何做到有溫度的線上銷售？

危機也是機會

這位客戶是剛接觸該品牌的腕錶藏家。身為銷售大使的傑瑞米，看出這名客戶在高級腕錶方面的潛力。於是，他靜靜等待能向客戶介紹高級鐘錶系列的機會。

傑瑞米原本邀請客戶出席店面開幕會，但活動因為疫情而取消了。於是，傑瑞米開始尋找在這段前所未有的時期，能向客戶展示精美鐘錶系列的創新方法，提議向客戶進行遠端展示。

以下是他為了說服客戶所提出的三個論點，都相當切中目標：

- 搶先獨家欣賞新品。
- 有機會成為最早下訂的客戶。
- 遠距造訪該頂尖品牌在國際高級鐘錶展〈鐘錶與奇蹟〉（Watched & Wonders）

的展位，該展覽每年春天在日內瓦舉行，而這名客戶身在中國。

客戶對此持保留態度，寧願到實體店享受完整的體驗，並認為比起已經在網站上看過的照片和影片，這場遠距展示不會更加分。但是傑瑞米巧妙處理客戶的疑慮，成功說服他在自家客廳的沙發上，舒舒服服地參加遠距展示。

這場展示出乎客戶的預料，令他相當驚喜。遠距展示是日內瓦鐘錶展〈鐘錶與奇蹟〉的直播，精彩呈現產品。攝影機完美聚焦在這些傑出精湛的設計與技術，特殊設備呈現出理想的光線，這是獨一無二的出色時刻。

活動由品牌的傳承總監本人親自介紹揭開序幕。現場安排了同步翻譯，確保溝通順暢。最後，傑瑞米一個禮物，就是將攝影機拉近展位中央，呈現展出的腕錶。這一切都有助於讓客戶感到驚艷。展示結束後，零售團隊與客戶聯絡，客戶正式訂購一款美的令人屏息、帶有少見的典雅藝術氣息的腕錶。

對於這位幾個月前才認識該品牌的客戶而言，這是第一筆購買，是在店面以外，藉由一場活動以不同的手法介紹產品促成的出色成交。

故事寓意

這則故事教給我們好幾件事。

第一課同樣來自中國，也是我們在課程中常常分享的，那就是「危機」。危機哲學完美說明了東方哲學和道家思想，追求平衡與和諧就是萬事萬物的核心；危機哲學就是兩種對立世界觀的共存：「危」就是危險，「機」則是決定性的時刻、機會。

在西方，則是用尼采的名言「那些殺不死我的，將使我更強大」來描述危機。

今日，人們普遍認為法文的「crise」一字是「危機」最貼切的翻譯，然而「crise」在現代的西方字義中只有負面、破壞性的含義。值得注意的是，「crise」的字源學來自希臘文的「krisis」，當時的字義結合了決策和改變的概念。

新冠疫情是二十一世紀初最重大的狀況。兩年間，人類智慧加速了日常生活中的眾多變革，而精品領域的銷售與培訓方式，也因此產生巨變。無數的遠距會議、無數的遠距工作和無數的創新因而問世，已繼續滿足高級品牌客戶最深切的渴望！

危機臨時，品牌與其大使應該要欣然擁抱其中的「機」。一件事物的終結，就是另一件事物的誕生。

這股平衡的精神，孕育出那些直到二〇一九年仍難以想像的事物：無論在最美侖美奐的店內或是在店外，成功吸引要求嚴格的客戶，維持優質、有效且有情感的互動。需要的科技已經存在，現在可以慎重、巧妙並充滿信心地運用。

夢想比任何事物都強大

第二課則是，夢想比任何事物都強大。

銷售人員了解他的產品；「頂尖銷售人員」（grand vendeur）則了解他的客戶。

在這則故事中，品牌的銷售人員和團隊展現了手腕高超的客戶關係經營。若說客戶關係管理（CRM）能自動向適切的受眾發送訊息，最常見的是電子郵件或透過社群等，那麼客戶關係經營就是銷售人員必須採取行動，以對客戶的細膩了解為基礎，與客戶培養非商業意圖的連結。

此處表現出好幾項才能：

- **將客戶視為一個個人，真正了解他：**除了對品牌產品的熱愛之外，了解客戶實際上是什麼樣的人、他的家族成員、職業、興趣、喜好。事實上，就是「這個人究竟是什麼樣的人」。要培養這般了解，提問和探索的技巧勝過一切。

- **相信自己：**銷售人員中最常見的限制性信念，就是他們必須懂得「守本分」，認為自己的本分就是百依百順，聽命於客戶，不打擾他們。然而客戶也是人，最美好的客戶關係正是建立在平衡的立場和互相尊重的基礎上。要成功，就必須嘗試、失敗，當然會常常失敗，不斷失敗，最後才會成功。

唯有專業的客戶關係經營與對客戶的絕佳了解，傑瑞米才得以邀請他的對話者，參與這場傳奇的線上展示。

線上銷售更在意「敘事力」

第三課則是關於說服的藝術。以數位攝影機為媒介銷售天價的高複雜功能腕錶，實在是高難度的挑戰。確實，沒有舒適的店面和私人包廂，沒有柔軟的地毯，沒有優雅機靈的禮賓人員，沒有典雅的香檳，要如何吸引客戶？最重要的是，沒有讓人眼睛一亮的驚艷效果，要如何讓客戶感受，感覺手腕上的絕美之作，貴金屬和錶鏈的輕碰、藍寶石水晶鏡面下的機芯的靈巧運作？沒有實體店面帶來美好感官體驗，該怎麼做？

「遠距銷售人員」的才能，正如其職位名稱那般直接，正是口才、說服力以及我們稱為「描述性語言」的表達能力。攝影機拍攝的機芯運作，就是「一探腕錶最深處的邀約，有如賦予其生命的鐘錶大師」。陀飛輪的特寫彷彿「機芯鼓動的心臟」，對於珍稀皮革錶帶保養的建議，有如對待肌膚保養那般慷慨細心，「避免陽光曝曬或海水的傷害……」。

這種充滿詩意又撩撥心弦的表達方式，這些豐富的詞彙，其擁有的力量，不亞於客戶造訪店面時獲得的感官體驗。

寫下這些文字之際，精品中的遠距銷售已有顯著成長，短短三年內從七%平均成長到二〇%。由於出色的實踐和新進的工具，遠距銷售似乎會持續下去。

多通路將是滿足客戶的渴望、將危機化為轉機的新機會！

13　成交是結果，賦予好感才是目標

一石二鳥

一個高級珠寶品牌委任我對其團隊進行零售藝術的培訓，特別強調要「招募」高潛力客戶。亞太團隊齊聚香港，進行為期三天的講座。

第一場講座的晚上，亞太地區總監查爾斯邀請我，一同去香港的一間法國餐廳用晚餐。才剛在吧檯坐定，我的東道主就把話題帶到「狩獵大客戶」，又稱「釣魚」，也就是辨認、鉤住和捕獲大魚的藝術。還沒等我解釋自己的策略，他就狡黠地對我說：「您後面正好有兩條大魚呢……與其高談闊論，您不妨向我示範如何讓他們被品牌吸引，邀請他們到香港的店內，甚至參加我們在亞太區即將舉行的活動之一如何？」

「啊，完全不給我喘息的機會！」時差再加上主持一整天的雙重疲憊感席捲而來，我說道：「我連喝杯酒犒賞自己過完第一天的權利都沒有嗎？」

語畢，我將吧台椅轉向吧台右側，向那對四十多歲、打扮高雅的夫婦露出最迷人的笑容。短短幾秒內，我就注意到他們的外表、出眾氣質、手腕上的精緻腕錶，以及年輕妻子無名指的璀璨鑽石。

我正要開口破冰時，身材魁梧的主廚衝向他們，主廚是金髮碧眼的布列塔尼人，熱情地用法語和他們打招呼。他們是常客，熱愛法國料理，我的運氣也太好了吧！

我用法語說：「今晚二位能夠幫忙我選擇點什麼菜了……你們似乎很熟悉這家餐廳，而且你們的法語講得非常好呢！」

「噢，謝謝！」男人笑著回答：「對啊，我們很喜歡這家餐廳和主廚，不過我們的法語沒有好到能繼續對話。」他解釋道。

於是我以英語繼續：「你們住在香港嗎？」

先生負責回答：「不，我們是來談生意的。我們是新加坡人。」

「下個星期我正好要去新加坡呢。方便請問二位分別是哪個行業的嗎？」我慢慢感受到對方放下戒心。

「我太太是室內設計師，我是律師。」先生大方地介紹。

「哇！很了不起呢。」我選擇優雅而不失禮地回答，而不是接著提問。

「那您怎麼會到香港呢？」果然，先生上鉤了。

我轉向查爾斯，把他介紹給這對夫婦，自我介紹，並簡短解釋我來香港的原因。我拋出話題。年輕的新加坡妻子也非常感興趣，主動提問：「噢，我知道你們的品牌，但是我先生只送我X牌的珠寶。其實我的戒指就是他們品牌的。」

我和查爾斯都對戒指讚嘆不已。

然後她拿出智慧型手機翻看相簿，片刻後，向我們展示一條她看中的X牌的項鍊，是她夢想的生日禮物。

於是我讓她談論這件珠寶，像是為什麼吸引她、她會穿什麼樣的洋裝突顯項鍊。她的臉頰因為興奮而緋紅，說她有多麼喜歡祖母綠、偏愛氣勢強大的珠寶、喜歡軛領洋裝，以及上流社交生活的種種，同時間，查爾斯正在自己的智慧型手機上，瘋狂翻找照片。

若說他把放魚餌的機會留給我，那麼他很清楚現在輪到他釣魚了：他先自豪熱情地介紹品牌的歷史，接著起身繞過我，走近她，向她展示手機螢幕上一條華麗的項鍊，由白金製成，鑲嵌十六顆祖母綠和四百顆明亮式切割鑽石。

「如果您會在香港多待幾天，我很樂意在位於九龍的店面接待您，為您呈現這條項鍊。您很幸運呢，這是僅此一件的作品，本週正好在香港停留。下個月我們也會在新加坡舉辦ＶＩＰ活動。您能給我聯絡方式，我請助理寄邀請函給您好嗎？」查爾斯的表現非常得體，也換來他期望中的結果。

就這樣，優雅的新加坡客戶的兩張名片落入查爾斯的口袋，而他的名片則進了丈夫的口袋。接著女服務生前來帶位，引導我們四人到各自的餐桌，讓交談告一段落。我終於能夠放鬆，好好享受夜晚了。

四十八小時後，丈夫捎來訊息，獨自和查爾斯相約在店面，想以這條項鍊給太太驚喜，為我在香港的停留畫下美妙句點。錦上添花的是，幾週後查爾斯又向我下訂，要在其他東南亞國家舉辦新課程。

故事寓意

要教給別人的事物，自己要先能應用……在傳授理論之前先進行測試，就是獲得認可的最佳方法。更不用說以實例證明自己的力量！教育訓練講師必須常常透過具體事件證明自己的論述，否則就沒有可信度了。

到有魚的地方捕魚！

查爾斯知道，到這間香港的高級餐廳用餐，他很有機會認識條件具備的潛在客戶。確認並列出精品大客戶的娛樂場所，就是成功獵捕的第一步（飯店、餐廳、私人俱樂部、拍賣會、運動俱樂部、高爾夫球、汽車拉力賽等）。

比較平易近人的做法，則是到春天百貨地下室的 Cojean 吃午餐，端著托盤排隊時鎖定獨自拿著智慧型手機的店經理，詢問她是否能併桌，開啟對話，聊聊她的品牌和工作上的挑戰，主動提供協助，拿到她的名片，也把你的名片給她，打電話給她，和她的主管見面，就成交啦！我在一年前就是這麼做的。這個方法人人都能做到，只需要對成功的渴望，再加上些許勇氣即可！

總之，正如你所料，我的座右銘就是隨時與人交談，而且一定要隨身攜帶名片，下班後和度假也不例外，甚至更該帶著名片！

善用六度分隔理論

要接觸到極具潛力的客戶，我們的時代有社群網絡，已經讓難度減半。你或許聽說過「六度分隔理論」。維基百科的解釋如下：「六度分隔理論由匈牙利人夫里耶斯・卡林提（Frigyes Karinthy）在一九二九年提出，他認為地球上每個人，都能透過最多六個環節的個別關係，連結到任何一個人。」隨著資訊和通訊技術的發展，二〇一一年在臉書的社群網絡上的分隔度為四・七四，二〇一六年時為三・五。

所以，你我和教宗、歐巴馬（Barak Obama）或大客戶之間，只相隔三・五個人！在心裡練習，找出核心人脈或社群網絡中的人，藉此連結到第二個人，再連結到第三個人以觸及你的「目標」。怎麼樣，成功了嗎？就是這樣，在我們的時代，一切都是可能的！

另一個方法非常簡單快速，可以找到客戶、了解他們的關鍵資訊、結識朋友並保持聯繫的方法，就是搜尋 Google 和 LinkedIn 網絡。

進行步驟如下：

1. 先從律師所謂的「盡職調查」開始，也就是深入調查關於客戶的一切，如職業、家庭、朋友、嗜好、假期、寵物、住處等。
2. 尋找他們可能有興趣的話題或資訊。
3. 準備你的「提案」。
4. 透過社群網絡聯絡客戶，如果能得到對方的電子信箱也能透過郵件，或是到客戶常去的地方。
5. 大膽提出你的「簡報」吧。

如何提案

你對**「電梯簡報」（elevator pitch）**的技巧或許並不陌生。這個短語的意指在極短的時間內提案，代表搭乘一趟電梯的時間。
成功的「電梯簡報」以四個步驟進行。

以有力的提案激起對話者的興趣

關鍵在於對他們開門見山。在此階段讚揚對方的自我，極有助益！
例子：「我是您的大粉絲」、「我很喜歡您在上次的訪談中對和平的見解……」、「我很敬佩您在科技方面的成就……」

簡短自我介紹

明確表示自己的名字、職位與代表的品牌。

選擇關鍵訊息

聚焦在單一訊息上，可能是正中好球帶的服務、解決方案或產品。
來自「頂尖銷售人員」親身實例：「我在雜誌裡讀到，您即將要創辦一個電視頻道，我想，這只腕錶客製成有如收播畫面的灰色琺瑯錶面會是很可愛的小細節。他（客戶）笑了笑說：『我買了』，然後腕錶就製作出來啦。」

行動

最後一句話要精心推敲，因為必須促使對話者和你約定會面時間，或是給你名片。

例子：「我什麼時候方便親自到您的辦公室介紹呢？」

充電小歇

觀察這兩部電影中的精彩電梯簡報：

✧《艾蜜莉在巴黎》（*Emily un Paris*）－「讓我看看你的能耐」：年輕的美國女孩艾蜜莉．庫珀（Emily Cooper）甫落腳巴黎，在一間行銷公司工作。她參加一場藝廊的展覽開幕酒會，目標是要認識知名飯店大亨蘭迪．季默（Randy Zimmer）。她提出打造一款專屬香水為他旗下的飯店打廣告，這個點子讓蘭迪與她的公司簽下合約。

✧《上班女郎》（Working girl，你還記得吧？是我最愛的兩部電影之一！）：泰絲和傑克闖進一個大客戶的女兒的婚禮。泰絲只有短短幾分鐘說服她的「目標」和她會面以提出一個大案子。她與客戶共舞，提出精彩的電梯簡報達成目的！

14 線上銷售的藝術

「椅」見傾心

希貝兒是室內裝飾的愛好者，開著她那台小車經過巴黎六區的街道時，在一間法國知名設計師的設計品專賣店煞車停下，目光被那些巴黎小酒館外，露天座席常見的繽紛編織椅吸引。她進入商店，詢問款式、顏色、存貨等問題，銷售人員建議她到品牌的網路商店慢慢挑選，幾天後希貝兒照建議做了。

希貝兒經常在巴黎和住處之間往返，大約十五年前，她買下在鄉間的住處，因而發現在線上購買家具布置住處的愜意。她點幾下滑鼠，舒舒服服地逛網站，快速找到她想要的椅子款式。其餘的，就是找到椅子的編織圖樣和配色的組合，才能完成訂製。這些椅子為一〇〇%法國製造，布根地生產，編織工序則遍及法國各地，其中一處就在西貝兒家附近，令喜愛手工藝和美麗物件的她心醉不已。

希貝兒透過網站上的「聯絡」，發送訊息到品牌的銷售服務，寫下她的詢問與一些技術問題。不到一個小時，她便收到第一封電子郵件，有條理地逐一回答所有問題，並建議寄送顏色的樣品，方便她想像成品與下單。

希貝兒對快速專業的客戶服務相當滿意，很快便做出決定，訂製四張椅子。以下是她送出訂單後收到的訊息，一開始的內容很一般，但逐漸呈現出她在這類購買模式中完全沒有料到的情感，令她相當驚喜。

第一封訊息，二〇二三年六月五日，晚上六點三十四分

女士您好，

首先非常感謝您的訂購與快速做出決定。我們很高興您選擇兩對不同的椅子。您的選擇繽紛可人，您一定會喜歡椅子放在家中的模樣。

請讓我以圖片再次確認您的訂單……款式、貨號、含稅金額、付款方式……

我們的工坊將於八月份關閉，因為氣溫超過三十℃時無法運作。因此您的訂單將會在九月初完成，但如果我們能在八月前完成，將會與您聯絡。藤藝與手工編織需要精湛的手藝與時間，我們致力於提供做工精美、品質無可挑剔的作品。

最後，我注意到您選擇親自到工廠取貨，我將很樂意為您服務。出發之前務必清空車廂，我會協助您上貨。倉庫對面有船隻和送貨區，能讓取貨更便利。

再次表達我們最誠摯的感謝與敬意。親愛的女士，現在我們要捲起袖子，為您帶來滿意的作品！

第二封訊息，二〇二三年六月五日，晚上十一點二十四分

上一封訊息由希貝兒傳送，她稱讚發送者的「訊息非常出色，和一般的商業訊息截然不同。」我一〇〇%同意您的看法！純然的商業訊息是絕對要避免的例子。我把回覆訊息這件事當作是為了自己，和聊天機器人不一樣，否則我會不快樂。晚安，親愛的女士，該睡覺了！

在我寫下這些內容時，希貝兒剛剛得知她的訂單已經準備好了，早於官方所說的九月份期限。訊息寄送人留下簽名，後面還有一句充滿詩意的句子：「精品村民兼××先生的助手」！她還沒看到椅子放在廚房裡的景象，不過她很確定一件事：未來她還會

買其他椅子，而且一定會向周遭友人推薦這個優秀的品牌。

故事寓意

波士頓顧問公司（Boston Consulting Group）不久前發表一份令人深省的報告：「接受問卷調查的精品消費者中，對體驗滿意者不到五〇％，其中一一％感到失望」，「這些結果主要可以歸因於，數位購物體驗並非總是達到快速消費品電商的水準，在流暢度方面尤其如此。絕少有精品牌能夠在線上，營造出在店內購物感受到的情感體驗。這股不滿意感在Z世代族群和歐洲尤其明顯：五分之一的年輕人認為，線上體驗令人失望，嬰兒潮族世代的比例僅有十分之一。」

愈沒有人的地方，就愈要有人情味！

冷冰冰回覆問題的機器人與在幾乎半夜時分寫出令人會心一笑的人類之間，簡直是雲泥之別！電子商務並沒有扼殺人與人之間的關係，這是好事，突然表現出充滿人情味的關係時，是多棒的驚喜，甚至令人雀躍！

這個故事固然巧妙諷刺了ＡＩ，但應該成為典範，讓零售和新零售以貼心和關係為核心，和諧共存。在這條迷人驚喜的原則的支持下，還有另一個原則，就是承諾和贈與，換句話說，就是互惠。

精品牌的「承諾」有如對所有客戶的恩情：品牌應當提供品質超群、修飾收尾完美的產品，彬彬有禮的接待，精美的禮品包裝、奉上一杯茶……這點是沒有討論餘地的。客戶拿出信用卡或轉帳時，他下意識期待得到某種超越單純購買行為的回報。這就是「贈與」，品牌大使給予客戶的個人專屬的關心，即便客戶並不預設也沒有要求這份關心，但他們會欣然接受。

這份關心就是品牌和其客戶之間深刻連結的基石，也是讓客戶依附品牌的基礎。

事實證明，客戶對品牌的認知價值中，關係（也就是情感）的重要性至少占了七〇％。因此，如果我們固守流程準則，就無法引發任何情感。而要做到這一點，就不能因循守舊，必須跳脫框架思考！

充電小歇

✧ 《受訪的精品消費者中，不到五〇%對體驗滿意，一一%表示失望」，《Journal du luxe》，二〇二三年七月二十五日。

15 實體銷售的禮儀

內在的優雅

這是發生在我身上的故事。一如前面提到的那對年輕台灣未婚夫妻，我也要求未婚夫帶我到凡登廣場尋覓訂婚戒指。這是第二次婚姻。我在十九歲時就收到第一只戒指，一直存放在漂亮的戒指盒中，打算未來送給女兒，而我想要完全不一樣的戒指，畢竟當時我的年紀是十九歲的兩倍有餘。我們逛遍所有知名大品牌，接下來就是邂逅的時刻了！

一位表現出眾的日本銷售人員，為這場邂逅錦上添花。京子的鮑伯頭一絲不苟，制服光潔整齊，體現了精品銷售人員特有的幹練，優雅但沒有距離感，無條件的關心，話不多，以及來自她的國家的纖細。

她接待我們的方式和日本如出一轍，同樣優雅，同樣笑臉迎人，同樣簡練。我們頓時籠罩在輕柔近乎溫和的氣氛裡。

驚奇的是，在這次少有的體驗中，我沒有任何一刻化身成培訓師或神祕客，我完全沉浸於客戶身分。

令人著迷的「款待」

京子恪守古老的日本禮儀「款待（御持て成し）」，以令人愉悅、精準有度的姿態端上一杯香檳和一杯綠茶，動作精確有如茶道，然後她以無盡溫柔的神情看著我們，甚至是凝望我們。

京子完美演繹了「sprezzatura」，哲學家夏薩在著作《不是有鬍子就是哲學家》中曾提及這個新詞。用夏隆的話來說，也就是這個詞的當代意思解釋：「就是避免浮誇無度。不拘泥生硬，不故作矜持，不矯揉造作。不賣弄自誇，也不鋪張炫燿」，這就是「sprezzatura」的體現。

我很快用日語和京子簡短交談，向她解釋這次是再婚，並提到最高預算以免價格太高嚇壞我的丈夫。她讚美我的日語程度（當然比不上我二十歲時的程度，但日本人是出名的有禮貌！），並請我形容、甚至讓我畫下我的第一枚婚戒，接著她停頓許久，靜靜觀察我的雙手。然後，京子離開片刻，帶著托盤回來，上面有三枚戒指，排列成三角形。

我對放在正中央的那枚戒指一見鐘情，京子刻意如此擺放，使其正對我的視線，伸手可及。她真是專業好手！但當下我並沒有注意到這點，因為我的情緒太強烈了。這枚戒指象徵了我喜愛的所有元素，融合古典主義和巴洛克風格，戴在我的手上份量恰到好處，時髦又雋永。她怎麼知道的？這是個謎。我敷衍地看看另外兩枚戒指，未婚夫慫恿我試戴，但我無動於衷。

第一個難題來了，讓我一見傾心的戒指的價格是另外兩個的兩倍，第二個難題，戒圍對我而言太大了。

看見我細讀戒指上掛的小標價，再加上我得知這是唯一有存貨的尺寸時的失望神情，京子以八種日式禮貌用語之一，表示必須讓我們稍等一會兒，然後靜靜離開鑑賞桌。

沒過多久，她滿臉歡喜地回來：「我有個好消息！」

我丈夫鼓起勇氣說：「您要給我們折扣嗎？」

京子溫柔的說：「不是，是更棒的好消息！女士，我找到『您的』戒指了！我在整個系統裡尋找您的尺寸，而且戒指在……東京！您這麼喜愛日本，這枚戒指注定是您的！」

故事寓意

京子示範了高超的社交手腕，應用四×二〇法則，現在就讓我來解釋：

- 最初二十秒
- 最初二十個動作
- 最初二十個字
- 最初二十公分

二十秒是京子本能地感受我是屬於友善客戶（二五％）、不友善客戶（二五％）或是對她不在乎的客戶（五〇％）所需的時間。二十秒也是我為京子「打分數」所需要的時間，評估她呈現的優點、我是否能信任她以及她的能力。

我們遇見陌生人時，會快速回應兩個問題：「我可以信任他嗎？」與「我會尊重他嗎？」美國的社會心理學家柯蒂（Amy Cuddy）在研究中分別稱這些面向為「溫暖」和「能力」。根據她的說法，我們剛認識的人，要不是溫暖大於能力，就是能力大於熱情，但兩者的程度不會相等。這是常見的偏見。我們會先評估溫暖或可靠性，是我們認為兩個面向中較重要者，因為從演化角度來看，知道一個人是否值得信任，對於我們的存活更為重要。

這二十秒如此關鍵，因此銷售人員必須在極短時間內留下好印象。戲劇中稱之為「掌握登場方式」。「儀容」（外觀）當然要精心打理，因為銷售人員有如大使，就是品牌的形象，他所表現的一切體現所代表的品牌的精神，他就是品牌歷史、文化、價值觀與工匠技藝的保證。

加分的肢體禮儀

另一個要多加注意的則是非言語行為，正如我們前面強調過的，這些行為往往比言語透露更多訊息。這是關於保持開放歡迎的姿勢，避免雙臂在胸前交叉（封閉姿態）或雙手放在背後（控制姿態），而是採取雙手交疊放在身體前方，或是雙臂放在身體兩側。

肢體語言應該也要符合說出口的話，例如向客戶打招呼時面帶微笑。這些都有助於營造對購物有利的和諧氛圍。至於手勢動作，無論是向客戶展示產品、為客戶試戴、將客戶的珠寶放在托盤上、將包裝或名片遞給客戶時，都必須細膩輕柔，緩慢優雅。客戶光是觀察這些舉動，就會沉浸在溫柔放鬆的氣氛裡。

由於帶有些許日本色彩，京子的舉手投足都很優美。在日出之國，接待並預測客人的期望是一門細膩的藝術，叫做「款待」。若說客戶在西方有如國王，那麼在日本，客戶就是神了！每個客戶都受到有如品牌貴客的待遇，這就是當天我們受到京子的接待時的感受。

至於言語，雖然京子話不多，但字字句句都達到目的。在日本這個「心照不宣，沉默不語」的國家，銷售過程從頭到尾幾乎不說話的情況並不罕見。在法國，人們害怕靜默，因此努力打破沉默。在日本，人們以手勢和簡單的眼神販售。我曾在日本參與過一些銷售，其中幾乎沒有任何交談。無比細膩，極度高雅。細膩就刻在日本人的基因裡。

不過話語也能為精品「增色」，有助於說明其價值。零售與教育訓練的偉大女士凱薩琳・拉維涅（Catherine Lavergne）是迪奧品牌內部的傳奇人物，她曾說：「必須讓銷售人員享受言語，理解事物。我們這一行的職業很神奇，絲可以是加札（gazar）、歐根紗、塔夫綢、羅緞、雪紡紗、雙宮綢……」

啊，在精品領域中，詞彙的選擇是多麼重要啊！還記得《穿著Prada的惡魔》中，米蘭達對安德莉亞解釋何謂天藍色（不是土耳其藍，也不是青金石藍）的橋段嗎？

最後，京子出色運用了四×二〇法則的第四個關鍵，同時遵循母國文化規定的守則，也就是不與任何不認識的人有肢體接觸：她維持合理的距離（二十公分），不侵入我們的個人空間，她觀察卻沒有觸碰我的手，從頭到尾保持眼神交流，以表示她的全神貫注。

充電小歇

✧ 艾美・柯蒂（Amy Cuddy），《姿勢決定你是誰：哈佛心理學家教你用身體語言把自卑變自信》（*Presence: Bringing Your Boldest Self to Your Biggest Challenges*，三采，二〇一六年）。

✧ 讀讀二〇一三年四月號的《Revue des deux mondes》內文摘錄。奧荷莉・茱莉亞（Aurélie Julia）訪問齋藤峰明（序言中提過，我的第一個老闆）。

奧荷莉・茱莉亞：「奢華」、「精緻」、「優雅」：您如何看待這三個詞彙的相似性？

齋藤峰明：「奢華」是難以定義的矛盾詞彙，我不是很喜歡這個詞。它是關於某種傲慢與自私。追求奢華的人，是為了自己而收集物品；

他累積財富只是為了自身的利益。奢華就是香檳、魚子醬、虛華、特權的同義詞。是處於富饒和壓倒性的位置。豪奢帶來地位，這就是奢華唯一的能力。優雅則相反，是關於低調與融洽。優雅來自內在，而不是刻意的表現。優雅不限於衣著，身姿和行為也會定義優雅，節制是其最重要的特質；優雅不是隱藏自我，而是與他人共存。

我找到一個關於優雅的絕妙定義，呼應了那天京子表現的一切，我很樂意與各位分享：

「優雅並不代表時尚與膚淺，是隨之而來的優美、簡約以及和外在的協調結合。」

奧荷莉．茱莉亞，《Revue des deux mondes》，二〇一三年。

奧荷莉．茱莉亞在文章後面引用二〇二二年獲得諾貝爾文學獎的安妮．艾諾（Annie Ernaux）的話：

「有些字詞本身就帶有它們所指稱事物的感覺。『優雅』（Élégance）的發音既輕快靈巧又柔和，暗示其地位高於其他字詞，高貴、內斂，這些皆與其字義息息相關。『優雅』（Élégance）本身就是一個優雅的字詞。這個字在不在口中遲滯，沒有肉感，既沒有碰到嘴唇，也沒觸到牙齒，僅有一絲氣息撫過上顎。這，就是優雅，透過外表、手勢和行為的風格化，否定身體及其物質性，否定衝動與激烈感受、否定痛苦。」至於精緻，則是伴隨著生活的藝術。

✧

蘇菲・夏薩（Sophie Chassat）定義的「sprezzatura」

「布萊德・彼特或強尼・戴普（Johnny Depp）不羈卻優雅的穿著風格；娜塔莉・波曼（Nathalie Portman）或茱莉亞・羅勃茲（Julia Roberts）毫不在意得散發『我就是天生麗質』的氣息……他們的祕訣究竟是什麼？是上天的恩賜嗎？不是的，這更像是完美掌握了

sprezzatura 的準則……

Sprezzatura：義大利新詞，無法精確翻譯，在法文中不盡理想地翻譯為『隨性』或『毫不在意』。這種隨性的外表、這種『自然』的好品味、這股神奇的優雅，就是 sprezzatura，唯有付出巨大心力、長年努力練習、在最需要顯得自然流露的那一刻全神貫注，才能呈現出來。」

✧《穿著 Prada 的惡魔》（The Devils Wears Prada），大衛・法蘭柯（David Frankel）執導，二〇〇六年上映。

✧《TAPIE》（塔皮）：崔斯坦・塞圭拉（Séguéla）與奧利維耶・德曼傑（Olivier Demangel）製作的法國電視影集，於二〇二三年在 Netflix 播出。塔皮完美演繹了四×二〇法則。

16 遇到特殊要求，如何給的恰到好處？

國王也有夢

艾瑞克是凡登廣場上一間頂知名品牌的頂尖銷售人員。以下是他的故事。

時值一九九〇年代末。我在一家高級珠寶店擔任銷售人員。一名藝術品製造商帶著一幅拿破崙三世火車不透明水彩畫到店裡，畫面非常繽紛多彩，他想把這幅畫賣給我們，以做成其中一位尊貴客戶的特別訂製品。

當時我們承接蘇丹、國王、王子的委託，其中一些作品鑲滿寶石，璀璨華麗。正巧我每個月和一名國王洽談，因此我立刻就想到他，但並不知道他是否對火車情有獨鍾。我先知會老闆，請他出席下一次與國王的會面。我沒有報價單，有的只是一個火車模型和膽量。

「我一直夢想有擁有一輛電動火車！」聽見這句神奇的話時，我的老闆鬆一口氣

（幸好沒讓國王白跑一趟！），而我則是樂壞了。國王細細向我們解說他對火車的想像，包括他的心願清單：三十二分之一製作、引擎品牌、遙控器品牌、材質、可安裝在二十四人座的餐桌上的火車尺寸、車廂內放置盛裝糖果的小碟子的可能性、列車要慢慢行進以便讓賓客能夠好整以暇欣賞。

火車交由 Fleischmann 公司製作，他們擁有一百三十年的歷史，專門製作迷你火車，整個委託在六個月內完成。

鐵道的枕木使用相思木，道碴是珍珠魚皮（稀有的珍珠魟的皮革），軌道是黃銅，遙控器按鈕是半寶石，車廂採用漆藝，紋章是黃金，整套火車放在訂製的木盒裡，由一名我在埃夫勒找到的細木工匠打造。

為了進行現場測試，我們用老闆的大客廳地毯，由於尺寸相當可觀，整套模型以國王的軍用機運送。我獲命在皇宮裡安裝這套珍貴的火車。

完成安裝後，親眼目睹列車緩緩在皇宮地毯上滑行，微弱的黃銅軌道反射出金色光澤，宛如一場縮影的王國巡禮。每個細節都凝結工匠的心血，彷彿一段歷史的復刻，一場屬於國王的夢幻加冕儀式。

故事寓意

銷售也是一種娛樂！艾瑞克．B幾乎兩手空空，卻成功逗樂國王，令他「折服」！為什麼？因為只要有一些想像力、少許幽默感，再加上一點膽量，一切都都有可能！每一個客戶，就算是國王，內心深處都有童心與未竟的夢想。成功屬於那些擁有創意、主動有自信，能夠「創造」客戶未曾表達甚至未必意識到的渴望。

也別忘了那一絲天馬行空、淘氣，甚至瘋狂，會讓一切都變得不一樣。

17 用法式機智回應不滿

「客戶說『不』時，銷售才真正開始。」

頭巾式帽子事件

我在迪奧工作的期間，克里斯汀・迪奧（Christian Dior）本人親身經歷的一個故事對我留下深刻影響，我在教育訓練時曾多次講述這個故事。

一九五〇年代，迪奧先生到紐約參觀甫在麥迪遜大道上開幕的新店面。他隱藏身份進店裡，躲在儲藏倉儲區以免被客戶看見，偷聽客戶說話。其中一位女性客戶非常高雅，正在試穿剛剛量身好的千鳥格紋套裝。不過還剩下少許布料，她嘆道：「噢，要是有一頂頭巾式帽子來搭配我的新套裝就好了！」

迪奧先生彷彿變魔術般現身，引起一片興奮，如同各位想像的那樣：「您願意的話，我可以現場為您設計一頂頭巾式帽子……」

接下來就是一連串「我的天啊，太棒了，太美妙了，真是太驚人了！」的驚呼。這位世界馳名的設計師三兩下就在欣喜若狂的客戶頭上綁好頭巾，用幾根大頭針固定，然後交給女性銷售人員接手便離開了。

結帳的時刻到來，訂製內容包括套裝和頭巾式帽子，隔天就會送到她家。看到帳單，尤其是那頂頭巾式帽子的價格時，客戶驚叫：「怎麼這麼貴？迪奧先生只花了十分鐘啊！」

這名偉大的設計師從藏身處走出來回答道：「親愛的女士，這頂頭巾式帽子並不是單純的頭巾，這是我的藝術、創意和技藝的結晶。」

餐巾紙

我也很喜歡講畢卡索晚年在穆然（Mougins）發生的故事，本質是相同的：畢卡索坐在一間每天光顧的小酒館裡，總是在餐巾紙上畫個不停。

有一天，一位顧客認出他，請他撕下剛完成鉛筆畫的餐巾紙一角送給他，畢卡索欣然答應。

「您能簽名嗎？」他問畢卡索，後者點點頭，說了一個天文數字。
「我真是搞不懂！這也才花了您五分鐘啊！」
「不，親愛的先生，這花了我八十年！」

金句集錦

優雅

「忘記價格後，品質仍會長長久久留在記憶裡。」

——奥爾多．古馳（Aldo Gucci），一九五三到一九八六年間單人揔古馳品牌總裁。

幽默

「痛是短暫的，但快樂是一輩子的！」一位澳洲的高級珠寶女性銷售人員在東南亞教育訓練時如是說。

大膽

「先生，我很樂意為您折扣，但我可能會失業……您可要幫我找個新工作啊！」出自我主持培訓時的一位中國女性銷售人員。

「您想開雪鐵龍2CV還是捷豹？」我在杜拜主持培訓時的黎巴嫩銷售人員，一名男客戶在要送給太太的黃金戒指和鑽石戒指之間猶豫不決時，他如此說道。

故事寓意

你的客戶差一點就要答應了，但他仍在抗拒……他正在天人交戰，既想犒賞自己，又有花錢的罪惡感或恐懼。

銷售人員是唯一能夠幫助客戶說出「我願意」的人。他們必須將購物的壓力降到最低，把購物快感提升到最高。

再次強調，關鍵在於以客戶為中心，他就是唯一，回應並令他安心。如果對異議或疑慮讓步，客戶就可能離開店面，你也會失去這筆交易。可惜的是，這種情況常常發生，因為銷售人員往往等待客戶主動成交。我讀過許多美國銷售大師所寫的書，他們都不約而同地說「ask for the sale」，銷售是問來的。愈早放膽問，面對異議的可能就愈低。所有贏家都勇於嘗試！

為什麼客戶會提出異議？

1. 這些異議是否合理的（例如現實的預算限制）：
- 取得更多資訊。
- 找出他們答不出來的答案。
- 你沒有達到他們的期望。

2. 這些異議是否不合理（藉口、假裝反對）：
- 找藉口不買。
- 看看你會如何反應。
- 出於好玩/樂趣。

3. 是否為策略性異議（談判）：
- 為了談折扣。
- 為了測試銷售人員。

4. 是否為情感性異議（真誠）：
- 為了安心。
- 為了吸引注意。
- 為了消除誤會。
- 為了討論或建立關係。

銷售人員在精品零售業中所遇到的四種異議

1. **價格**：「太貴了，超過我的預算……」、「我想等到會員拍賣會……」
2. **競品**：「我還在猶豫今天早上在樂蓬瑪榭看到的另一雙鞋……」、「我在猶豫另一雙在 Sarenza.com 上看到的鞋……」

3. **特色**：「這太經典款了」、「我很怕戴這個，我覺得對我說有點太誇張了……」、「太緊了……」、「我不確定喜不喜歡鱷魚皮……」

4. **思考／時間**：「我不確定……」、「我要想一下……」、「我想先讓我先生看看……」

處理異議：ART法

以下是 The Wind Rose 成功處理異議的方法，以首字母縮寫呈現：

接受異議（Accepter l’ objection）：展現同理心

「我理解，您正在思考這是不是個好投資，這很正常……」

再次提問（Rebondir avec une question）：展現膽量

「我能請教是什麼讓您猶豫呢？」、「應該把這件珠寶的價值存起來，您是這麼想的嗎？」

最後以令人放心的語氣結束（Terminer en rassurant）：提出意見

「我們的理念就是少量精選，帶來最獨特前衛的款式。您真內行！選的真好……」

最後，要注意一個常常聽見的「對，但是」句型。「對，而且」句型對於有效合作、協商和溝通而言都是更有力的工具。然而很多人以為這和「對，但是」沒有兩樣。其中的「但是」就表示需要為自己辯解……

運用DISC人格模型處理異議

如果熟悉DISC人格模型或是「Insight® Discovery」等變化版（解讀四大心理特質的有力工具），也就是支配型（Dominant）、影響型（Influent）、穩定型（Stable）、謹慎型（Conformiste），你很幸運能夠用它來處理客戶異議。這個模型證明極為有效，沒有容易令人混淆的人格標籤或分類。

如何成交？

客戶轉換率是與顧客進行優質談話所產生的自然結果。因此，在這個關乎成敗的時刻，關鍵就是仔細觀察客戶傳達的訊號。

這些訊號可能是言語的，也可能是非言語的。察覺眼神中特別閃爍的光芒、輕輕點頭、如何保養等關於產品的附加問題，甚至是客戶回應自己提出的異議。

有些客戶會欣賞你在這個思考和決定的時刻保持沉默；有些客戶則需要進一步說服。你會感覺出來的，因為你能從整個對話過程看出客戶的個性。

但是當心，如果錯過訊號，客戶就有可能把耽誤訊息解讀為否定答案，然後告辭……我要再次提到好友米夏艾爾，在我參加的一次講師培訓中，他把自己最有效的成交手法傳授給我。掌握這三個成交技巧，你就準備萬全了！他在著作《精英銷售：揭開最佳銷售人員的訣竅》（*Vendeur d'élite*）中詳細解說。

主動直接的提議，流暢順利的銷售對話的結果

這個技巧讓潛在客戶在是和否之間做選擇。

範例：

- 「女士／先生，幫您包裝嗎？」

- 「您要買嗎？」
- 「我幫您送到酒店好嗎？」

假選項

這個技巧給客戶兩個選擇。

範例：

- 「您要哪個顏色呢？」
- 「您要長靴還是短靴呢？」

假設已成交或對未來的想像

這個技巧認為已經成交，潛在客戶就沒有選擇餘地了！

範例：

- 「這件晚禮服一定會讓大家嫉妒不已……」
- 「您的女兒一定會喜歡的，如果您送給女兒後能和我分享她的反應，我會很開心！」
- 「您能想像太太收到這份禮物時的笑容嗎？」
- 「您打算什麼時候第一次穿呢？」
- 「洗衣的時候，記得要先翻面……」

充電小歇

✧ 處理各類異議的最佳參考書籍，就是我的同行米夏艾爾・阿吉拉（Michaël Aguilar）的著作《克服客戶異議：最常見的六十三種異議的處理技巧與回應》（*Vaincre les objections des clients-Techniques de réfutation et réponses à 63 objections les plus fréquentes*）。也建議閱讀《精英銷售》。

✧ 艾默・G・雷特曼（Elmer G. Leterman）是美國商人，也是《銷售從顧客說「不」才開始》（*The Sale Begins when the Customer Says No*），法文版於一九五四年由Hachette 出版。

✧ 運用DISC人格模型，考量提出異議的客戶的心理特質。DISC模型是由美國心理學家威廉・馬斯頓博士（Dr William

Marston）提出，他在取得哈佛大學博士學位後提出該模型，並於一九二八年出版《正常人的情緒》（*Emotions of Normal People*）。根據馬斯頓的說法，人們受到影響其行為的四種內在因素驅動。因此，他以D、I、S、C四個字母表示人的行為傾向。

DISC中每一個字母都以一種顏色代表：

1. 紅色是「支配」。
2. 黃色是「影響」。
3. 藍色是「穩定」。
4. 綠色是「謹慎」。

線上有許多測試可得出您的人格特質。

✧ 吉格·金克拉（Zig Ziglar），《金克拉銷售大法》（*Secrets of closing the sale*），世茂出版，二〇〇六年。

第二部

一流精品銷售顧問的培訓藝術

18 品牌價值能持續傳承的第一步

法律系畢業，但由於熱愛藝術、設計、時尚和人，我選擇在知名旅行配件品牌擔任銷售人員，展開職業生涯。

我很幸運，很早就接受了非常優質的培訓，使我得以迅速晉升到門市管理，然後是網路管理，最後達到國際管理的程度。

正是因為擁有和客戶與銷售團隊往來的經驗，我了解到「人」在精品產業的核心地位，以及個人能帶來的改變有多麼巨大。這個管理方向指引並帶領我，將精力和專業能力投入團隊發展持續至今，讓我在歷史最悠久的鐘錶製造商之一，擔任人才和發展總監。

我在幾年前認識康絲坦絲，當時我剛接任一個高級珠寶品牌的培訓總監，正在尋找能夠協助我設計銷售儀式的合作夥伴。在招標過程中，我們覺得 The Wind Rose 的提案是不二之選，因為相當符合該品牌的識別和文化，幾乎不需要任何修改。

此後，我們在不同領域的品牌中合作多次專案，在形式和內容上，都流露同樣的創造力和細膩度。我認為，The Wind Rose 的強項在於能夠融入品牌識別，並打造出完全符合品牌符碼的培訓內容。

培訓對銷售員的實質幫助

知識方面，原則也大致相同，銷售人員固然要認識他們所代表的品牌設計和歷史，但是，同樣重要的是激發他們對其他藝術或文化領域的好奇心，能讓銷售人員的談話內容更豐富，拉近和客戶的距離。

依照銷售人員來自的國家，讓他們沉浸在孕育精品牌的當地文化裡，也很有效。例如，法式生活藝術在亞洲團隊中就很受歡迎。我很喜歡這樣的概念：培訓開啟嶄新的專業能力、想法、歷史、文化等，有如裝滿各種可用資源的盒子，能夠依照面對的背景和人選擇使用。

近年來出現許多遠距和數位培訓課程，有完整探討單一主題（品牌的產品或歷史培訓）或做為線下培訓的補充內容（混合式學習）。

由於預算方面有明顯差異，優先選擇這類培訓的誘因相當大。我個人認為，重要的是維持團隊的凝聚力，因為沒有任何事物，能夠取代與同儕的共同活動與豐富交流，所產生的情感，當我們實際相處時，這些體驗的優點和影響都會大不不同。

一如所有的學習，規律和持續才是造成差異的關鍵。許多品牌了解到這一點，旗下的教練愈來愈多，甚至每一間分店都有一名專屬教練。這項投資固然花費可觀，不過往往證明是值得的資源分配。

我希望透過本書，讓讀者確信培訓是培訓就是推動品牌成長與建立品牌形象的真正力量。培訓固然會對員工的專業能力發揮作用，但更會影響員工的敬業度與留住人才。對精品客戶而言，他們追求的是銷售人員為要角的體驗。正面體驗既能連結客戶對品牌的忠誠度，也能徹底粉碎網站或社群媒體帶來的承諾和夢想。

在品牌成長時期尤其如此，必須協助那些在較輕鬆的環境中養成壞習慣的團隊。反之，當業績開始下滑，如果沒有事前沒有預料到，想要減緩或彌補負面影響通常為時已晚。

即使業績沒有達標，我要鼓勵管理者不要減少對培訓的投資（這種狀況極為常見），而是要思考以下的問題：

- 培訓是否切合策略及整體需求？培訓有時會和公司的問題與管理方式太脫節。
- 培訓是否切中目標？過多分散訊息可能會大幅降低效果。
- 培訓次數是否夠夠多、是否規律？
- 無論是內容還是講者，培訓是否優質，講者是否必須擁有資深經歷以獲得挑剔的銷售團隊的認可？

莎賓・蒙帖納（Sabine de Monteynard）
積家（Jaeger-LeCoultre）人力資源發展總監

19 品牌永續的根基是傳承

「我們為他人做的最大善事，並不是將我們的財富分享給他人，而是讓他人看見自身的財富。」

——路易．拉維爾（Louis Lavelle）

我對古代思想家敬愛有加，亞里斯多發明銷售術的基本原則，蘇格拉底則在將近二千五百年前發明了教學法。

他的方法稱為「助產士法」（maïeutique），也就是精神助產的藝術。蘇格拉底是助產士之子，他將自己與友人和門生的談話方式比喻為母親從事的助產術。他以這個比喻解釋對話者如何「孕育」或表達自身的知識或觀點。透過所謂的「啟發式」問題，受提問者會發現以為自己不知道的事物。因此，助產士教學法並不是教學的技術，而是

「催生」仍在醞釀中事物的藝術。

「認識你自己」：蘇格拉底早以用這句話奠定了主動教學法的基礎。他表現謙虛，佯裝無知，不會在對話一開始就表達真理，而是以「啟發」教育者的姿態，引導對話者思考，表達自己的想法，進而認識自己。心理學家和教練至今仍採用這種做法。

你或許還記得《心靈捕手》中，羅賓．威廉斯「解放」麥特．戴蒙的躁動靈魂的經典橋段。西恩（羅賓．威廉斯飾）運用「助產士法」，透過提問，幫助威爾（麥特．戴蒙飾）找到自己的救贖之路。

蘇格拉底也是讓學生組成小組推理思辨的第一人，此方法讓學生彼此良性競爭，能促進想法的交流，也就是「彼此切磋（cross-fertilisation）」。

早於蘇格拉底一百年左右的中國，孔子與這位西方哲學家同樣現代：他證明，不論是孩童還是成人，讓學生參與學習以獲得成果的重要性。「不聞不若聞之，聞之不若見之，見之不若知之，知之不若行之。」

課程設計的基準

我有兩位導師，企業管理博士法蘭克・胡歐特（Frank Rouault），他是Pratical Learning France的創辦人與管理者；另一位是莫瑞（Kathleen A. Murray），全球頂尖的培訓諮詢公司Achieve Global的國際發展副總裁，可惜這間公司已經不復存在，二〇〇五年時我在該公司的協助下，為Parfums Christian Dior設計了一個為期四天的教育訓練講師培訓課程，沿用至二十年後的今日。

容我為你介紹莫瑞對培訓的絕妙定義：「培訓是架構清晰的學習體驗，學員在其中領受益處、獲得知識、實踐，得到回饋並應用。」真是一語中的！

最後，我還有一位天使投資人，那就是波內－貝斯（Bertrand Bonnet-Besse）。他集幽默、傑出和慷慨於一身，在業內人稱紳士「培訓師」，在The Wind Rose草創時期就給我機會，將一個精彩任務交託給我，他始終是最熱心善良的推廣者之一。讓我在此感謝他。在本書稍後還會看到他的名字，因為他很好心地和我分享兩則故事。

傳承的價值

為什麼我這麼熱愛培訓？前面我推薦各位聽賈伯斯在史丹佛的演講。對於我們的（有時令人詫異的）選擇如何連結在一起，某天呈現全貌，這點他解釋得比我更好：「往前看沒辦法連接起這些點點滴滴，唯有回顧的時候才能串起。因此你必須相信，這些點在未來會以某種方式連接起來。你必須對某些事物懷抱信念，像是自己的內心、命運、人生、因果，什麼都可以。這個觀點一直在我心裡，徹底改變我的人生。」

我唯一要在蘋果創辦人的信念清單加上的，就是我對上帝的信仰，即使我的步伐無比笨拙，信仰依舊指引著我。對我而言，培訓是少數付出多少就收穫多少的職業之一。

我欣然擁抱培訓這個職業，彷彿這是我的第二天性。就我而言，培訓的首要條件就是喜歡人，對他人有同理心，保持好奇心，甚至對人的本質、其追求的目標充滿熱情。這個行業我從事已經二十五年的職業，確實滿足了我對「傳達」、傳承的渴望，但最重要的，也是我最喜歡的一點是，這份工作豐富了我對人的了解，遠超過我剛入行時的想像。

再者，我把培訓和銷售做了密切對照，因為對我而言，優秀的培訓師就是優秀的銷售人員。這不只是關乎身為專家，或者至少是「懂得多」，最重要的是懂得如何「銷售」，也就是知曉如何理解培訓對象，巧妙地傳遞你的知識，讓他們先對你的威信「買帳」，其次是課程內容，他們願意接受培訓。最後，培訓師必須擁有具感染力的熱情與堅定信念，才能令人信服，留下長久的影響。

就我而言，培訓師最大的回報，就是當學員在培訓結束時對他說這些話，像是：「您為我開啟一扇／好幾扇門」、「我想立刻應用您的概念和建議」、「我等不及要回到店裡測試這些方法的效果！」「我也要把您的概念應用在私人生活裡，今天晚上就要對老公和小孩試試看！」

帶動培訓課程的相關建議

現在讓我們來談談如何打造與帶動培訓課程，這些要遵循嚴格的方法，共有十個步驟，以下將為你詳細解說：

- 首先要製作關於客戶的精確簡報，了解他們的背景、挑戰、專案相關人士、教育對象、相關市場及期待的結果。在 The Wind Rose，我們開發了一套製作簡報的方法。

- 然後，我們會編寫豐富的提案，也就是向我們的潛在客戶，提出未來的「招牌銷售」的概念、原則，有時甚至是名稱。
- 隨後可能會進入觀察與分析的中間階段，通常進行所謂的「神祕造訪」，也就是以「假顧客」的身份，對客戶品牌的實體店進行一系列造訪，搭配採用我們的標準進行表現評估觀察，以了解後續將接受培訓師的程度。在此之後，我們會向客戶提出一份詳盡的觀察報告，包括具體的改善方方向。
- 我們會開始浸淫在品牌中：採訪關鍵人士、閱讀品牌提供的書籍或語料庫、在網路上篩選大量資料。然後就是研究字義的時候啦！除了文字、文字，還是文字，我們在便利貼寫下文字到處貼，從內而外地了解品牌，為品牌尋思量身打造的創新教學點子。
- 接下來，我們要製作學習計畫，幫助學員提升知識或專業能力。在 The Wind Rose，我們設計專門針對品牌知識、產品知識與專業能力或軟技巧的培訓課程。

製作課程的第一步是設計架構、課程計畫，或是所謂的「教學情境」。

- 業主確認培訓模組的架構後，我們就開始製作培訓套件。此階段可能相當漫長辛苦，因為需要研究理論內容、電影片段、小故事，需要發揮很多創意、團隊內部的腦力激盪、與品牌的無數往來溝通，最後是調整，包括受訓者的活動帶動。這些銷售人員總是動個不停，很難乖乖不動，可不能讓他們呆坐一整天。因此必需設計有趣的活動，將他們帶入與自家品牌毫無關係的情境（我們稱之為「換位」學習法），能夠將他們從經常限制其想像力的日常中解放跳脫出來。
- 培訓開始之前，依照混合式學習的理念，學員可以利用有趣活潑的線上學習先進行數位自學，為實體培訓課做準備，更能適應課程。課後，學員可以做線上測驗評估獲得的知識，以便讓管理階層衡量他們的學習參與度。
- 接著是實體或遠距課程的時間。培訓可從兩小時到五天不等。
- 培訓結束後，強烈建議增加數次現場教練，確保學習成果紮實地延續，以免積習難改。
- 最後，我們為管理者設計了工具箱，讓他們可以將在培訓中學到的一切傳達到店裡，以免知識的火苗熄滅……

結合日式「守破離」

傳達我們的教學信條之前，請容我分享關於員工培訓重要性的注意事項，這是德里迪（Youcef Dridi）近期回應我們在領英上的貼文所寫的，他是意見領袖，也是幫助營運困難的公司轉型培訓師：

「哲學家蒂邦（Gustav Thibon）在《平衡與和諧》（*L'Équilibre et l'Harmonie*，散文集，Fayard 出版，一九七六年）一書中寫道，缺少培訓最容易令人因循守舊。而偉大的品牌是絕對不因循守舊的。」

培訓（formation）是一項不斷革新的藝術，因為消費者與科技變化的速度極快。就像在海上，氣象瞬息萬變，我們就像水手，必須適應變化並學習新知，才能傳承（transmettre）得更好，我們稱之為「轉變－培訓」（trans-formation）。

「轉變－培訓」（trans-formation）參與我們課程的員工，就是 The Wind Rose 全體的動力。

我們忠於對日本的與對話者的見解，我們將「守破離」哲學應用在教學法中，「守破離」來自武術領域，是學習的三個步驟，在於傳授獨立性與超越導師：

- **守**（守護、遵守）：學習者學習師父／培訓師傳授的基礎
- **破**（跳脫、活用）：學習者試驗所學，並將之融入實踐。
- **離**（離開、分離）：學習者超越，並找到適應調整之前習得規則的方法。

最後，身為香奈兒女士的「Less is more」理念的擁護者，我們認為最重要的就是簡潔，無論是教學內容還是過程皆然，才能將訊息傳達給每一個人。

現在，我們邀請你一起探索一系列培訓的真實故事，我由衷希望這些真人真事能夠讓已經是培訓師的您增添豐富視野，或是讓激發你轉向新職業的意願。

充電小歇

✧ 《心靈捕手》（*Good Will Hunting*），美國電影，葛斯范桑（Gus Van Sant）執導，一九九七年上映。

✧ 索菲・庫洛（Sophie Courau）的著作：《*Les Outils de base du formateur, Tome 1, Parole et supports*》，ＥＳＦ出版，二〇二〇年。

✧ 《*Les Outils d'excellence du formateur, Tome 2, Concevoir et animer des sessions de formation*》，ＥＳＦ出版，二〇二〇年；《*Jeux et jeux de rôle en formation*》，ＥＳＦ出版，二〇〇六年 》；《*Le Blended learning*》，ＥＳＦ出版，二〇〇五年。

20 傳授對話藝術的重點

給產品一個機會！

這則故事是加迪利（Emilie Jardry）加入 The Wind Rose 團隊之前的親身經歷。這件事發生在我加入 The Wind Rose 的兩年前。那天是個大日子！經過好幾個星期的準備、想像初次會面、不斷調整改進演說內容、苦思上課的服裝，這一天終於來了。我將以國際培訓主管的身份，在一個知名奢侈童裝品牌開啟嶄新的旅程。

我選擇這個品牌，是為了光環、高知名度，以及他們充滿雄心的計畫，也就是打造交由我負責的教育訓練服務。從我擔任培訓師以來，已經過了十五年，我感覺自己已經準備好迎接這項挑戰了。

從銷售員到培訓師

我決定在店裡進行，以便見到即將合作的現場團隊，為他們設計這項服務。在思考培訓策略之前，先了解他們的工作環境，是贏得信任，以及量身打造符合現場需求的培訓計畫。他們迎接我的態度相當害羞含蓄，甚至「充滿疑心」。說真的，我不知道自己所述部門的主管是怎麼介紹我的。於是我表明身份，將自己定位為要向同事學習一切的銷售顧問。在銷售空間（行話稱為 floor）的這十五天裡，除非有人問我問題，我完全沒有提到培訓事宜或我的背景。

融入分公司中心的過程讓我學到不少。我發現團隊已任職多年，對品牌的忠誠無庸置疑。我很欣賞他們對品牌近乎有血有肉的熱情和依戀。其中許多人在品牌裡成長，以及隨之而來的喜悅和失望。我注意到經歷、對過往成功的懷念、自動化程度不高並且正在變化中的可行制度的複雜性。

第一次上台

在現場和總公司之間度過數週後，首次在訓練教室講課的時刻終於到來。這次培訓的重點是實體店的管理。模組由 The Wind Rose 設計，我將與創辦人康絲坦絲共同主持。和每次的活動一樣，我做足準備來到現場，精神集中。這是一大挑戰，因為團隊已經不在他們的主場，而是在我的地盤上，而我意識到自己之前沒有足夠時間讓他們卸下心防，還在努力說服他們，也就是說，我得證明自己。

康絲坦絲上台發言，「啟動」課程。我報告了培訓的目標和課程安排，然後讓她接手主持進行破冰。打從一開始的幾分鐘，我就能感覺到二十雙眼睛緊盯著我。即使壓力如山，我並沒有慌了手腳，決定把自己當成學員，參與當天開始的活動。

這是以管理者的自我知覺為主題的圖像語言（Photo Langage）活動。我和團隊成員一樣，也選擇兩張圖卡自我介紹，讓他們多少了解我的個性。我認真傾聽每個人的自我介紹、做筆記、在心中記下他們的語氣、觀察他們的姿勢和肢體語言。接著輪到我：我選了一張陽光明媚的畫面，以及一張展現毅力的圖像介紹自己。事實上我有雙重目的，一是參加遊戲融入團體，二是謙虛地傳達訊息：「我在這裡支持你們，與你們同在，而且我的適應力很強。」

我的加入普遍受到好評，直到團體中最有影響裡的一名經理，對我的出現直言不諱。她的話大意如下：「您不是加入品牌的第一個培訓師，我並不信任您……」我面不改色得聽著。然後她說：「但是，就像之前某位培訓師教我的，要給產品一個機會！」

了解！我不但沒有生氣，反而同意她的話，回答道：「我完全理解您的觀點，如果我是您，也會有同樣的疑慮。」然後，我沒有為自己加入教育訓練以及對此的熱情找理由，而是選擇提出一個問題，幫助我更了解她對這個行業的反感：「可以問您，上一次參加培訓是什麼時候嗎？」她回答那是很久以前了，而那次的培訓與培訓師的目的都是「把他們塞進框架，要他們用同一套幼稚的話語，令他們失去銷售一職的真誠不做作。」我很感謝她這番話的坦白，讓我能聽見她們的期望。

此時，我從她們的神情中感覺如釋重負。她們後來向我坦承，當時我沒有不惜一切拚命說服她們，這點不僅讓她們很好奇，也令她們安心多了。比賽還沒贏，不過第一局我拿下了。

在這個出色品牌工作的期間，我輪流扮演兩種角色，分別是培訓師和銷售顧問。我花了很多時間在現場，對他們有時吃力不討好的精彩職業致上敬意。為了盡量提高參與度，我在每次計畫開始之前都會與他們聯絡，收集他們的想法並獲得他們的支持，讓培訓進行得更順利。

事情不如預期順利，很正常

你或許想知道我是否成功贏得所有這些管理者的心。很可惜，並沒有……我沒能打破某些人的心防（三〇％），不過我和其他人（七〇％）一起完成很美好的事，至今仍保持聯絡。

時尚和精品領域的世界非常小，幾乎可說是「亂倫」，員工就像在玩運作流暢的大風吹，在同集團下從一個品牌跳槽到另一個品牌，或是從一個集團跳槽到另一個集團。因此要懂得慎選往來對象，展現韌性，因為你永遠不知道明天會發生什麼事。

故事寓意

當一個培訓師，不只是當一個好的教學設計者、出色的課堂講師或優秀的現場教練。從這則故事裡，你一定已經明白，最重要的是當一個優秀的銷售人員！要在這個行業裡成功，首要之物就是贏得團隊的信任。因此，在銷售產品或企劃之前，必須先懂得推銷自己。這篇故事裡出現三種才能，我們將在下面詳細解說。

1.「試水溫」

談論與培訓有關的新工作時，收集總公司對零售願景的資訊相當有用，像是團隊的組成、現場的績效、品牌的抱負，以及準備要合作的部門內的期望。

然後，接下職務後並開始構思策略之前，必須先製作自己對現況的探索報告。主要目標是回應以下問題：

- 專業團隊來自哪裡（在品牌的年資、之前的工作經歷、在哪些品牌工作過）？
- 他們在該公司內部經歷過什麼？
- 他們的歸屬感有多強？
- 他們現今如何看到該品牌？

為此，你必須花時間深入現場，了解所有成員。一如所有人際關係的開端，觀察力和好奇心才是最重要的。透過觀察，可以看出對方關於某主題的興趣，在此處即為培訓，進而衡量團隊與你共事的意願。仔細觀察言語和非言語的語言，才能對每一個對話者提出正確的問題。對他人的好奇心能引領你更加了解團隊、他們對於和「你」的期望，然後再考量他們對於培訓的期望。

一如銷售的對話，此處也要小心別掉入陷阱：太快開始談論自己和願望。成功的祕訣，在於全心專注在與每個對話者面對面的相處與他們的個人史。

2. 耐心和參與

建立信任的關係需要時間，「繼承」了過往的負面體驗時更是如此。耐心和堅持不懈，就是培訓這一行的關鍵。

要在專案中獲得支持，就必須儘早讓團隊參與，向他們展現他們的聲音的重要性。當他們感覺被尊重傾聽、受到重視、由於其寶貴的貢獻被視為專案的共同作者，就能促成培訓專案的成功和你的成功。團隊思考、分享自身經歷能夠促進動腦，極為有益，能讓團隊「跳脫」日常，以必要的不同角度看待自己的職業。這一切都有助於強化信任、培養對專案的想法，並為團隊帶來量身打造的解決方案。

3. 展現謙遜態度

培訓師是工作夥伴，其角色是提供協助、開發才能、鼓舞士氣，有時甚至在團隊感到迷惘時讓他們重新體會工作的樂趣。零售業的培訓師就是支持者，幫助員工在職場上茁壯發展，幫助他們提升銷售量。培訓師和團隊之間沒有任何上下級的關係，因此必須身兼零售業中的所有職務。

他必須輪流扮演銷售顧問、管理者、教練、培訓師……，端看情況、眼前的人或當下的時刻。這份謙遜讓他能夠贏得團隊的信任，因為他證明自己的正直，展現與團隊共事的渴望，而不是和他們作對。

容我使用出色的專業人士菲德列克（曾在三個頂尖珠寶品牌內部擔任培訓師）的話，說明培訓師的這項「支持」特質，以下是他分享的兩則軼事。

一個故事描述培訓教練，如何在某次刷新成交天價的高級珠寶銷售時，為「頂尖銷售人員」做好身心準備。

場景在凡登廣場珠寶店的沙龍裡，長達整整一年的非凡尊榮的「客戶服務」之後。大日子終於來臨，這將是該品牌最大筆的交易，金額高達一．二五億歐元。

菲德列克和那位「頂尖銷售人員」在一起，他們在客戶的預約時間提前一個小時見面。巨大的壓力和交易成敗都壓在她一人身上，她幾乎喘不過氣。此時菲德列克的角色就像運動員上場前的運動教練：他指導銷售人員做腹式呼吸。讓這位銷售人員恢復冷靜，確實比確認寶石證書更有效。

第二個狀況也很相似，不過這次培訓師面對的是一群銷售人員。摩納哥即將進行一場高級珠寶會活動，活動前培訓時，菲德列克感覺到節奏愈來愈快，氣氛也越發緊張。是該為團隊重振精力、放鬆心情，以便迎接當天晚上就要蒞臨的客戶。吃完午餐後，他決定規劃半個小時的團體冥想，大受「頂級銷售人員們」喜愛。因此，當前的培訓師不僅僅是產品專家或軟技巧專家，也必須有能力創造恢復、冥想、內省的時刻，以發揮所有情感和心理潛力。

21 如何做到「心中有顧客」

來跳舞吧！

我剛剛抵達里約，行李沒跟上，而我必須穿著球鞋和牛仔褲整整三天，面對一百五十名來自全拉丁美洲的 Dior Parfum 的美妝顧問和彩妝師主持培訓。我的西班牙語說得還不太流利。雖然迪奧為了讓我能夠主持並和參與者互動，讓我每週上課，我也因此學會西班牙語，但是台下聽眾接收到的是混合歐陸西班牙語、法語、拉丁語、義大利語和英語的怪異語言，引起許多笑聲。

關於這件事，我發現以母語主持的挑戰困難多了。必須用字精確，演說要流暢。然而，努力使用非母語主持培訓時，幾乎所有錯誤都會被原諒！再說，還能增添些許趣味，對自嘲也很有用。

幸好我的同事艾曼紐和我一起主持。她的西班牙語比我好太多了，我們一搭一唱，活動進行的很順利。

然而某天下午，在舉辦培訓的美麗飯店裡享用陽光下的午餐後，大家突然都心不在焉了。有人打呵欠，有人聊天，有人看手機，總之沒人在聽課了。

艾曼紐一心要完成所有課程，擔心地看了我一眼。培訓是關乎整體的節奏。此刻很明顯有生理時鐘的問題，也就是往往讓人忍不住想午睡的消化正在運作，妨礙我們順利傳達訊息，這也是許多培訓師擔心的事。艾曼紐和我討論一下，決定一切暫停。畢竟我們在巴西，這裡可是音樂和森巴的故鄉啊。

於是我們把電腦喇叭接上裘賓（Antonio Carlos Jobim）的〈伊帕內瑪女孩〉（*The Girl from Ipanema*），把音量調到最大。接下來的那一刻，我一輩子都不會忘記。想像一下，一百五十名年輕女性推開椅子，有幾個人還跳上桌子，在我們驚喜的眼前跳起令人難忘的舞。

當然啦，我們也加入他們，這是純然歡樂的時刻。

永難忘懷的三月八日

我被某個時尚品牌派往杜拜，培訓當天正好是三月八日。那場培訓是關於「銷售標誌」，是我們公司的專長，將品牌的DNA、符碼與獨特標誌融入銷售儀式，使其具有辨識度、獨特有活力。

我在舉辦培訓的飯店醒來時，花了幾秒鐘才想起自己身在何處……是北京、墨西哥、還是哥本哈根？那段時期，我忙著在世界各地東奔西跑主持活動。然後我意識到，這天是國際婦女節，我一邊走向培訓教室，一邊思考在女性擁有較少權利的地區該如何巧妙地讚頌這個美好的性別，在最後一刻想到一個活動，固然很冒險，但值得一試。

來到培訓的時刻，這次我們探討在讚美在客戶關係中的力量。你或許還記得，在本書前面我提到讚美的重要性，讚美能表現出對談話者的興趣，而且永遠要有個好理由才顯得真誠。

為了說明我正在闡述的理論，我請台下聽眾起身分成兩組，一邊是女性，一邊是男性，兩組面對面。

男性和女性的人數相同，來自敘利亞、約旦、沙烏地阿拉伯、黎巴嫩、俄國、印度、中國、法國和菲律賓。一個阿聯人也沒有。大家臉上寫滿不安，我不太有把握，但還是決定試一把。

接著，我開口說：「男士們，如你們所知，今天是三月八日，世界各地都在讚揚女性。現在，我想請各位讚美你對面的女性。她可能是你的同事，也可能是同地區其他店面的成員，而你們絕對已經和她打過照面交談過了。讚美必須真誠明確，不一定要和外表有關，你可以讚美這個人的優點、特質、行為或舉動。」結果，現場鴉雀無聲，有人尷尬地微笑，也有清喉嚨的聲音。

我索性豁出去。說：「來來來，男士們！勇敢一點！讓我示範給你們看……」我讚美其中一位女性，稱讚她的風姿綽約，舉手投足有舞者風采。她開心地感謝我的讚美，向大家坦言擁有二十年古典芭蕾的經驗。

一位年輕的黎巴嫩男子終於帶頭開始，稱讚她的同事個性果斷，銷售手法高明。其他男性也很快起而效之，越來越大膽，讚美也越來越私人，甚至其中一名年輕女性情緒激動到落淚。恩典的一刻，時間彷彿暫停。我本來可以就此收手……但我繼續下去，向女性提出同樣的要求。

她們害羞地眼神低垂。在這個地區要求女性在公開場合稱讚男性，聽起來有點厚顏無恥，但我認為自己是培訓師和西方人的身份，提出這個要求名正言順，而且我也想對自己證明，我們都是人，無論來自哪個文化，接受讚美或善意的目光都是基本需求。

尋求共同經驗

我想得沒錯，因為接下來的場面，在我書寫的此刻仍令我感動不已。現在，每一位與會女性都讚美對面的男性同儕，那些男性寫滿笑意，有時詫異的臉孔，仍歷歷在目。

無論是在培訓還是銷售中，都不可忽視跨文化層面。The Wind Rose 團隊成員伊佐兒．德傅柯（Isaure de Foucaud）在這裡分享她的跨文化經驗。

擔任國際培訓主持之前，我曾經在阿布達比的迪奧擔任銷售顧問，正是在那裡了解到，俄國和斯拉夫客戶通常不喜歡滿臉笑容地開啟對話，因為這既無法激發信任感，也顯得不嚴肅以對。因此，在俄國、保加利亞甚至摩爾多瓦進行培訓時，我不會帶著笑容開場（這點實在有違我的本性），並採取平易近人的謙遜姿態。然後，我會一點一點展現情感層面，讚賞人才，創造信任的氛圍。這些培訓都非常成功，結訓時大家熱情地抱成一團，有時甚至伴隨著淚水。

這也是培訓的一面，熱血沸騰的時刻、難忘的人性以及分享。而這正是我們如此熱愛這份工作的原因。

和一群陌生人，尤其是與我們來自的文化相去甚遠的人破冰，依照每個人的年資、經歷、性格、個性和習慣而被接受與尊敬，這就是 The Wind Rose 每個團隊成員的心願，目的是鼓舞、投入、團結、重新激勵以及擦亮我們敬重的銷售行業的招牌。

所見可能非事實

大約十年前，在一款腕表發表前夕的產品培訓中，受訓人員之一茱莉在全員面前問培訓師貝爾東：「是高複雜功能還是小複雜功能？」

貝爾東答不出來，這個問題來的措手不及。他記下問題，答應這位學員，在培訓結束後，會盡快給她答覆。

他繼續課程，惱火地發現茱莉對他說的話毫無興趣，只顧著在智慧型手機上打字。

「有了，我找到答案了！」過了一會兒，茱莉喊道。

貝爾東以為茱莉在傳簡訊，其實她正在搜尋缺少的資訊。現在茱莉正在和其餘的受訓團隊成員，分享這項新知。

貝爾東很欣賞她的態度，積極主動、迫不及待、好奇而且不藏私。他心想，他的職業正在改變，學員只要點選幾下，就能成為培訓課程的共同作者，這點真是太棒了。

如今，培訓者比起過去更像是引導者和中介人，徹底褪去「知識淵博者」的姿態。學員可以接觸到如此大量的訊息，現在的培訓更像是好方法和知識交流而非學術課程。

故事寓意

我們支持的教學過程與舊有模式大不相同，不再以精通課程內容的教師為中心，而是以學員為中心，學員在做為中介者的培訓師協助下，成為知識的創造者。

- **學員是自身培訓計畫的擁有者**：學員在發展知識與培訓進行方面都擁有自主權。

這就是翻轉教室的原則，傳授知識的不再僅限於教師，而是學員為自己或團體創造知識。

- **培訓師是提問的引導專家：**培訓師位學員與培訓計畫效力。他們並非知識占有者，更像是協助學員的提問專家，而非幫他們思考。培訓重點放在過程（如何）而非產品（結果），培訓師的角色在於推廣學習方法，而不是傳授學問。
- **培訓提倡「合作競爭」（coopétition）：**個人之間的競爭，不再是人與人關係的唯一方式，合作反而更有生產力。

老狗變出的新把戲

這篇故事由伊夫·布朗夏分享。有一間（非常大的）百貨公司，成為法國精品（非常大的）大集團的囊中物。

這間占地三萬平方公尺的百貨公司位於巴黎最時髦的街區之一，是左岸唯一的百貨公司。但是，由於名稱老氣，加上主要客群是當地的可愛老太太，這座昔日的商業殿堂正在緩慢但無庸置疑地走下坡。沒有任何人看好它的未來，人人心中想像有計劃的結束，以及在這絕佳地點上打造一項利潤可觀的不動產專案。

這不包括該集團總裁的遠見，他獨排眾議，決定要保留一切，同時又要改變一切，就像《浩氣蓋山河》（*Le Guépard*）中的譚克雷德那麼做：「一切都必須改變，才能一切都不變。」為了實現這項遠大的願景，總裁找來最優秀的「專業中的專業」，這個男人曾經重振右岸最大百貨公司之一的榮耀。

短短幾個月之內，這位傑出的管理人構思了一套宏大計畫，目標是把這座老氣橫秋的百貨改造為時尚與生活風格的殿堂，而且力求成為全球指標。這項計畫耗時整整五年才完成所有階段……但百貨從未停業。

整個執行過程，就連最微小的細節都完美無比，獲得全球讚賞（學習遠征的流動發生一百八十度轉變，紐約的百貨公司前來取經）。較年輕的全新廣大國際客群蜂擁而至，同時……老顧客也沒被嚇跑。

無須贅言，改造過程中，一切都經歷天翻地覆的變動：櫃位、產品、商品企劃、客戶體驗……一切都變了，唯獨一件事沒有更動：保留原有的銷售團隊（往往代表之前的客群）。

這位了不起的管理者做出這項違反直覺的決定，但事實證明，這個選擇非常明智。他興致盎然地用一則軼事，用以描述這個選擇如何帶來改變的方項，讓一切「調整一致」（aligner，顧問會用的詞）：概念、產品、客戶體驗，以及員工的行為與態度。為了成功轉型，他徹底改造了商業提案、供應商、視覺呈現，淘汰無數不再符合願景的產品。於是他們決定停止販售長條填充門擋，法文又稱為「看門狗」（chien de porte），常做成臘腸狗造型。這場殲滅行動冷血無情，沒有任何一個倖存，讓資深銷售人員非常難過。

這位管理者習慣在星期六，到「自己的」百貨公司微服出巡。那個週六，他走到一位女性銷售人員面前，詢問是否還有「看門狗」，最好是臘腸狗造型，他想買給母親。銷售人員一臉驚訝，打量四周後，向他輕輕示意，然後拉開下層抽屜，塞了一隻給他：「我想辦法留下幾個，就是為了像您這樣的客人。」

經理向她道謝，帶著一臉若有所思的笑容繼續巡視。雖然沒有造成嚴重後果，但他思索如何以更好的方式處理這些對改變的抗拒。

他認為這些抗拒很隱密，很人性，變化將會相當漫長，而他需要更多協助，培訓團隊在如此激烈的轉變中獲得成功。

故事寓意

龐大考究的計畫要運用靈巧細膩的手法，對於具體履行計畫的男男女女們尤其如此。一如這間百貨公司的精彩建築，現有的團隊也是其靈魂、深刻的身份認同、精神的一部分。

對故事中的主管而言，管理並非抹消過去。管理並不是和傑出的人成就傑出的事，而是和那些有血有肉但真心愛著職業和公司的人一起成就非凡。全世界都能評斷，也仍在評斷，這項願景與其落實的方式是否適切。

22 萬能培訓師

在世界另一頭的 Dior 美妝受訓

我的心跳加速，教室現在陷入一片黑暗，鴉雀無聲。我太了解每次公開演說之前的那種惶恐。首先是全身開始顫抖，手心冒汗，冷汗沿著後頸流下，而且最糟的感覺什麼都忘光了，連一個字也說不出口。

我背後巨大的螢幕上投射金色字母的迪奧品牌標誌，眼前坐著兩百名來自全亞洲的年輕女性。她們頭上戴著耳機，讓她們能以母語聽到我說的話。她們很安靜規矩，桌上放著筆記本和鉛筆，一切準備就緒。

我握著麥克風，用不太有自信的聲音開始說話，一如往常地在聽眾中群找一個友善的眼神，讓自己安定下來。話語湧出的速度太快，彷彿在漫長等待後終獲自由，音調略高，不過語速逐漸慢下來，聲音也穩定了，緊繃感退去，心臟恢復規律安穩的節奏。沒事了。

我必須在四個月內惡補美妝的專業字彙、閱讀數百份文件、學習美容、理解皮膚剖面構造和老化機制、香氛家族、以及「葡萄」（譯註：法文美妝中指唇膏的膏體）在唇膏中的意思，甚至還要學西班牙語，以便在任職兩個月後在墨西哥主持培訓。多虧安德烈．波塞和艾曼努．賽格－德蓋特我才能辦到，他們就是我的最佳領航魚。

甫雇用我的美妝品牌做得很好：活動辦在世界彼端風景如人間天堂的關島，獎勵在機場中不分晝夜銷售香水、面霜和睫毛膏的犧牲奉獻精神。

主辦單位要求與會者穿著白色參加晚宴，這是品牌即將在全球推出的全新香氛，其外盒的顏色。接著一支身形比例完美的奇特隊伍進入夜店，原來是一群醉醺醺的戰鬥機飛行員，對他們而言想必是難忘的一晚。

該地區的商務總監也在場，是一名英國人，他的工作令許多男士艷羨不已。這兩群人還沒打成一片。一邊是正在跳舞的丹鳳眼芭比，如少女般嘻笑，另一邊則是貼身T恤下肌肉分明的肯尼，正蓄勢出擊。

我在人群外細細啜飲，享受活動第一天的成功。但酒精和緊繃情緒很快便淹沒好心情，憂鬱占據我的心頭。在太平洋小島上獨自喝酒看著一群陌生人跳舞，也太可悲了。我喝完那杯酒，抓起包包，在我最愛的歌〈I will survive〉的樂聲中離去。

總是有意料之外的事發生

回到旅館房間，我不自覺打開電視，發出驚叫。那天是二〇〇一年九月一十日，世貿中心二號大樓剛剛被撞，許多人從高樓跳下，螢幕上瀰漫著熊熊火焰和濃煙。

我揉揉眼睛，一定在做夢吧，要趕快醒來才行。然而這不是夢，一切都是真的，紐約彷彿陷入末日，飛機撞倒雙子星大樓，無數無辜的人喪命，九月的那一天留下血腥的印記。我的心往下沉，胃部糾結成團，淚水奪眶而出。

清晨時，我們必須處理一個前所未見的狀況：關島是美軍基地，小島關閉，培訓活動也取消了。艾曼努和我忙著到醫院探望銷售人員（恐慌發作，有些人昏厥），並辦活動分散其他銷售人員的注意力，他們只有一個心願，能夠平安回家。

眼前的景象太不真實，數千平方公尺的免稅商店空無一人，精品下殺二點五折，到昨天為止，這些還是每年大批湧入關島的日本觀光客夢寐以求的產品，今天他們卻躲在旅館房間，緊盯著電視螢幕。我們帶著這群受驚嚇的受訓學員去看壯觀的水族館，欣賞全世界最美的日落，然而他們魂不守舍，臉上寫滿徬徨恐懼。他們早已把培訓和銷售拋到腦後，只求盡快再度見到家人。

幻象和飆風戰機劃過天際，飛往阿富汗。這些有如受訓學員夢中情人的帥氣美國大兵將成為這場戰鬥的第一批英雄。而我們必須耐心等候漫長的一個星期，直到機場重新開放，等待航班帶我們回家。

故事寓意

1. **培訓主持人的多重角色：**我把培訓師分為培訓設計者和培訓主持者。有時候培訓師身兼這兩種身分，但相當少見！必須同時具備課程設計和演說家的能力才行。

2. **培訓主持者身兼數職：**首先是引導者，與學校老師的身份相反；是能抓住聽眾注意力的演講者，而不是自說自話；是專家，但沒有無所不知、全知全能的姿態。培訓師是激勵者、啟發者，是教育者，是演講者。他也是中介者，不會為公司刺探學員。最後，培訓師也是體貼的組織者。

培訓主持者必須時時牢記：

- 參與者至少和自己一樣聰明。
- 缺乏經驗不等於不適任或沒有能力。

成為優秀的培訓主持者，必須具備多種能力和特質

- 溝通能力
- 演說才能
- 活力
- 教練才能
- 傾聽
- 同理心

- 紀律
- 團隊精神
- 靈活彈性
- 寬容
- 耐心
- 創新
- 正向思考
- 自信
- 職場內外的人際交往技能

我想補充一點，培訓主持者也必須要有健康的生活和良好的身體狀況！二十年來，我多次環遊世界，在各大洲主持培訓。有些旅程驚心動魄，冬季去夏威夷就是一例，我從下雪的首爾出發，抵達時因為時差和熱休克（從零下十度到三十八度），在機場狼狽地趴倒在地，幸好沒有受傷。一個小時後，我就開始主持活動了！

最難忘的一次是在紐約。前一天從巴黎抵達，活動結束的當天晚上就要離開，早上十一點在培訓時昏倒。醒來時，我發現身邊滿是紐約市消防局的消防員，我要了一杯威士忌，立刻起身再戰！

當狀況出錯，一切超乎預期時，培訓主持者也必須懂得變身。他必須要能勝任各式各樣的角色，像是 Club Med 的 G.O.、護理師、心理醫師、旅行社業務員，或是令人安心的朋友。最重要的是，要展現冷靜鎮定、機敏的反應和創造力。

充電小歇

✧ Michel Chevalier 和 Michel Gutsatz 著，《*Luxe et retail-Le point de vente, lieu d'excellence*》（Dunod 出版，二〇一三年）。作者在本書探討旅遊零售業的銷售，對這種配銷模式的概述很不錯。

以下兩本著作出自索菲・庫洛之手，前面曾提及，專門探討本篇主題：

✧ 《*Les Outils de base du formateur, Tome 1, Parole et supports*》，ＥＳＦ出版，二〇二〇年。索菲在本書中主要探討如何獲得講說的迅速反應，以帶領團體與準備教育報告。

✧ 《*Les Outils d'excellence du formateur, Tome 2, Concevoir et animer des sessions de formation*》，ＥＳＦ出版，二〇二〇年。索菲在本書中主要討論如何主持和處理培訓中的團體現象。

23 提案的力量

因為我快樂

這篇故事是由 The Wind Rose 團隊成員伊佐兒・德傅柯共同分享。故事發生在一家瑞士頂級鐘錶珠寶品牌公司內部。

我和女兒伊佐兒從二〇一四年就在 The Wind Rose 一起工作，此行我們要向公司高層管理者及所有子公司總經理介紹公司委託的新培訓專案的概要，活動將在這場內部會議後一個月在世界各地開始。我們兩人下榻品牌總部旁一間迷人的小旅館，隔天一早將在總部進行報告。伊佐兒從定居的布魯塞爾前來，我則從巴黎過來。

我們在附近的一間披薩店裡開始準備簡報，這個案子對我的公司和我本人來說，都是巨大的挑戰。伊佐兒建議我們把主力放在提案，使其貼近品牌想要更有顛覆性的新形象。的確，傳統的簡報是走到觀眾面前向他們打招呼，自我介紹，說很高興能來到這裡，然後轉向投影片，這種做法毫無影響力，也不會留下深刻印象。我們倆都深知，打從一開始就抓住觀眾的注意力有多麼重要。因此，關鍵就是帶給他們一個驚喜。

於是我們開始腦力激盪，一直到餐廳打烊，然後持續到深夜。

為了立即激起他們的興趣，有幾種技巧可使用。我們可以從以下幾種方法著手：

- **一個數字**，例如我們即將造訪的市場數量、即將完成的公里數，或是我們將要培訓的品牌大使的人數。
- **一個提問**，能吸引與會全體、使之與我們互動，當然也要與主題有關：「各位知道，在所有文化中，銷售人員迎接顧客時，客人最常說的一句話是什麼嗎？」（謝謝，不用了，我先自己逛！），然後我們就能接著解釋，我們的培訓可以消除這個難處。
- **一句名言或表述**，與我們的主題相關：「必需的終點，就是奢侈的起點」（嘉柏麗．香奈兒）或是「和我聊聊您吧，我只對這您感興趣」等等。
- **幽默**，可以緩和氣氛，逗樂觀眾，例如模仿。

- **故事**或軼事，用來說明培訓專案的主題。
- **我們自己**，敘述令我們感動的真誠故事。

我們選擇結合最後兩個技巧，也就是個人的故事。不過還是必須找到最適合的小故事，才能在開場最寶貴的短短幾分鐘內擄獲觀眾的心。而往往這幾分鐘，就是平淡無奇的簡報與精彩又膾炙人口的簡報的分水嶺）。

經過一番來回討論，我們回憶起某次母女倆逛街購物時，在一家我們都很喜歡的店內的美好客戶體驗。

這個體驗的優點在於完全契合培訓的主題，也就是快樂：一套完整的感官刺激（誘人的產品成烈、悅耳的背影音樂、若有似無的香氣、美味的咖啡和巧克力、銷售人員的優雅舉止所帶來的寧靜感）貫穿整個客戶體驗，當然也來自與銷售顧問的愉快談話。故事將由伊佐兒講述。

最後關頭想出這個方法令我們鬆了一口氣，我們依照史蒂夫．賈伯斯的教誨，再稍微調整簡報的投影片，只保留最精華的訊息。現在我們盤腿坐在各自的單人床，筆記型電腦放在大腿上排練簡報。我們終於要睡了，伊佐兒一邊打呵欠，一邊練習用英語講述我們的故事，直到倦意襲來。

出奇制勝

早上八點三十分。我們急躁地跳下停在總部氣派大廳前的計程車，接待人員帶我們前往大會議室，好戲即將在三十分鐘後上演。我們很緊張。插上電腦和音源線。最後確認。深呼吸。互相打氣。第一批參與者入座。我們溜走，待所有人都就定位後再回去。我們躲在走廊，伊佐兒突然說：「媽媽，我覺得我們需要一個 power pose！」

看到我充滿疑問的表情，她向我解釋，在所有壓力或影響重大的事件之前，擺出「力量姿勢」的直接好處。心理學家柯蒂認為，我們的肢體語言會影響精神狀態。她在二〇一二年的著名 TED 演說，引起大眾對這些典型的力量姿勢的熱議，諸如高舉雙臂呈勝利姿勢或雙手叉腰，根據她的說法，採用這些姿勢會大幅降低皮質醇（又稱壓力荷爾蒙），對我們的行為產生幾乎立即的影響。

於是乎，我們兩人在日內瓦大公司的總部走廊裡，擺出力量姿勢，高聲大喊「我們可以的，一定會成功」。兩人同台。雖然做出力量姿勢，呼吸平靜，我們的心臟卻狂跳不止。很少有與會者知道我們的母女關係。這會是驚喜的一部分。

現場一片安靜。擁有劇場演員背景、表演藝術課記憶猶新的伊佐兒站在舞台中央。她徐徐走向觀眾，展開雙臂，用燦爛的笑容迎接他們。我則退至大螢幕旁，螢幕上投射出培訓課程的名字和品牌標誌，我清清喉嚨，準備開始我的簡報。

「我要講一個故事……」第一個停頓。沉默也是策略的一環。

「我和康絲坦絲在兩年前有過一次美好的客戶體驗……想像一下，巴黎的週六午後，一對母女正在逛街。」注意我們沒有向觀眾打招呼，也沒有自我介紹，這是為了耳目一新的效果；也注意「想像」一詞引導觀眾的眼前浮現故事描述的景象。伊佐兒再度停頓。聽眾聽得聚精會神。有些人原本拿出手機查看當天收到的新訊息，現在紛紛把手機放回口袋或包包。我走近她。

會議室裡滿是驚訝的目光，一陣低語。她們真的是母女嗎？還是只是為故事逢場做戲？伊佐兒任由滿室疑問飄蕩，繼續說下去。她的聲音更加清晰有力。我能感覺到，她身上不再有一絲恐懼。她的活力吸引了我，消除了我其餘的擔憂（即使我還沒開口）。

「康絲坦絲想要在夏天來臨之前好好寵我，於是帶我去她最喜歡的店之一，想買一件洋裝。我們才踏進店裡，三十多歲的蘇菲活潑地迎上來，滿臉笑容，稱讚我們各自的打扮，也誇我們長得很像。得知我是當天的幸運兒，並問了我一些生活方式、個性、職業、最喜歡的衣服、哪些打扮最自在等問題後，蘇菲為我挑選了幾件洋裝試穿，氣氛很愉快，康絲坦絲坐在一旁的小凳子上一件件評論。試衣間裡堆滿洋裝，我的腦袋亂成一團，不知道該選哪一件。試穿洋裝時，我告訴康絲坦絲，上個週末去朋友家開派對，大家整晚都在聽同一首歌跳舞，那首歌讓我們快樂的不得了，是威廉斯（Pharrel Williams）的〈Happy〉。蘇菲走向我們，機靈地說：『你可以再試穿最喜歡的洋裝，讓媽媽幫你看，她才了解什麼樣的衣服最適合你的身形！』沒過多久，整間店響起那首歌，讓我非常想跳舞。」

伊佐兒說故事的同時，我在電腦上播放這首歌，威廉斯是歌手也是作曲家（二〇二三年成為路易．威登男裝系列的藝術總監）。於是，伊佐兒在所有人面前，在台上開始跳舞，彷彿置身夜店，接著我也加入她，一起跳著舞。

奇蹟發生了

然後，奇蹟發生了：正值早上九點半，整間會議室的人都站起來鼓掌、和我們唱歌跳舞！

主持培訓的時候，一切都要在早上十一點之前完成！就像俗話說的，要讓「事情進行順利」。因此頭兩個小時就是關鍵，留下良好第一印象的機會只有一次，此刻我們的客戶就是我們的學員。

培訓師必須確保活動是依照生物動力節奏規劃的，我們都知道，人體通常在早上十一點左右時需要休息。唯有聽眾在第一次咖啡休息時間之前被說服和吸引，才會對培訓內容買帳。

隨著歌曲和螢幕上的音樂影片告一段落，大家回到座位，興致高昂，伊佐兒也為故事做結。她講述蘇菲跳著舞回到試衣間，看見她也在跳舞時爆出歡笑聲。接著，蘇菲要來她的智慧型手機，幫她錄下穿著最喜歡的幾件洋裝在店內走動的模樣，以便檢視洋裝上身的效果。伊佐兒還描述了店裡的氣氛、給意見的顧客，還有被店裡歡樂的夜店氛圍吸引，因而踏進門來的客人。故事結尾，伊佐兒說她選最後選了兩件洋裝，開開心心地離開了。

第一局贏了。接著輪到我發言。考慮到我們希望在簡報中呈現的輕鬆和驚喜，我快速播放幾張投影片，然後即興發揮。接著我在會議室後方看到一張熟悉的面孔，是我們在該品牌的盟友。我決定點名他。身為高級珠寶的經理，以及凡登廣場頂級品牌的「頂尖銷售人員」，他就是為我們的演說和精品零售理念掛保證的理想人選。起初他有點不安，但很開心地配合遊戲，回答了我的問題，也對我剛才闡述的原則給予正面回應，並援引例子。

你需要膽量，和真心的連結

這種技巧需要資深的演講技術和一定的膽量，但是效果絕佳，因為能吸引觀眾，強化培訓師和聽眾之間的連結。有些人上台親自稱讚我們，說我們的提案令人耳目一新，別出心裁，是枯燥的PowerPoint 簡報的出色另類選擇。

有人告訴我們，這件事仍在流傳，而我們從那次開始，也搭配其他音樂做簡報……

充電小歇

✧ 哈佛社會心理學教授艾美・柯蒂的二〇一二年 TEDTalk 演講。觀看次數超過三千三百萬次。著有《姿勢決定你是誰：哈佛心理學家教你用身體語言把自卑變自信》（*Presence: Bringing Your Boldest Self to Your Biggest Challenges*）。

✧ 如果你對力量姿勢的概念有興趣，不妨觀看電視影集《實習醫生》（Grey's Anatomy）的這段劇情，凱特琳娜・史柯森（Caterina Scorsone）飾演的神經外科醫師艾美莉雅・薛波，在一場高風險的手術開始之前，向助手展示如何擺出「超級英雄姿勢」。

✧ 「口才是一種表演藝術，一切都在於呈現本身，也就是焦點：與觀眾建立某種連結。正因如此，一場辯才無礙的演說內容轉寫成文字時，可能會顯得單調乏味。反之，一篇精彩的文字在演講台上也可能顯得毫無口才可言。『éloquence』（口才）這個字本身，應該去除『hoquet』（障礙），只保留『élan』（奔放）。」亞歷山德・拉夸（Alexandre Lacroix），《Philosophie Magazine》總編輯。

- 〈取悅、感動、說服，口才的藝術〉，亞歷山德・拉夸，《Philosophie Magazine》，二〇一九年六月。第四一到四七頁的文章〈Du logos aux punchlines〉特別值得一讀。
- 文章〈掌握溝通的藝術：十二種有效技巧，提升你的演講能力、說服與談判、化解衝突……〉，《哈佛商業評論》（*Les cahiers de la Harvard Business Review*），二〇二〇年九月。

24 用銷售感性打造組織文化

仔細聽我說！

本篇故事由庫桑（Guillaume Cousin）分享。在進行培訓時，我會玩角色扮演遊戲，目的是展現某些銷售技巧，有時候甚至連所謂的「頂尖銷售人員」都會「中計」呢。如此有助於贏得這類銷售人員的信任。

有一天，我在賣場，周圍都是銷售團隊，培訓」主題如下：證明一個單純的問題有時可以徹底改變銷售，而所謂「容易的」交易有時可能是全然誤解客戶的需求。

以下是我向團體示範的場景：一名客戶非常趕時間，緊急需要一份給ＶＩＰ的禮物，因為他忘記帶原本準備好的禮物了。他到「鐘錶」沙龍找一只腕錶。ＶＩＰ客戶的私人飛機在兩小時後抵達，禮物必須在客戶下榻飯店時已經放在房裡。這名顧客非常家緊張，頤指氣使，然而對自己的需求卻很含糊。他似乎不太熟悉我們品牌的系列。

顧客要求看看店裡展示的中價位（一．二萬美元）黃金計時腕錶，以及錶盒和禮品包裝，以便全面了解這件禮物。

我提議自己扮演該名顧客，並請一位自願者和我一起演出這個場景。安娜毛遂自薦，扮演銷售顧問。

以下是她的做法：

安娜「服從」匆忙顧客的指示，展示顧客要求的腕錶，詳細介紹技術細節，強調這只腕錶非常適合做為即時禮物，最好還能稍微描述該系列歷史的故事。

她熟練地詢問送禮對象是男性還是女性，提建議如果方便的話可以替顧客將禮物送至旅館，如果對方覺得不適合，也可換貨。

顧客很快就確認，以一萬兩千美元成交，並帶著禮物離開。

故事寓意

這場角色扮演的教誨如下：

安娜很開心能夠快速完成一筆一萬兩千美元的交易。詢問她對自身表現的回饋後，她告訴我沒有任何疏漏：探問送禮對象的資訊、技術呈現、故事講述和服務。

我稱讚安娜和她的同事參與角色扮演遊戲，接著問了這個令他們失措的問題：「各位知道這名顧客忘記的禮物是什麼嗎？容我提醒，這就是顧客緊急到貴店找替代品的原因。」一陣尷尬的沉默……於是我指出，顧客忘記帶的禮物是一只百達翡麗玫瑰金年曆腕錶，極受藏家歡迎，價值五萬八千美元……這份禮物是為了與一名來自香港的全球私募基金會執行長，簽署一份非常大的合約而準備的。

我繼續分析這個練習：這項資訊原本能將銷售導向更精緻的複雜功能腕表，可能是限量發行（我已經確認過，該店有存貨），而且價格有可能更高，因為顯然金額對不是購買與否的問題。因此，你的顧客可能購買的腕錶其實價值高達五．八萬美元……

顧客想要一份感覺昂貴、與眾不同，而且可立即入手的禮物。安娜固然完成一筆很好的交易，但由於沒有花時間進一步了解顧客的背景，喪失了價差四萬六千美元的銷售潛力。

充電小歇

我們再次回到傾聽的重要性，是所有對話的基石。

- ✧ 二〇二三年六月十五日《回聲報》（*Les Échos*）的文章內容「上一次好好對話，是什麼時候？」（À quand remonte votre dernière vraie conversation?），Hélène Guihut 撰寫，出自〈對話藝術的十堂課〉（L'art de la conversation en 10 leçons），與談人為 The Wind Rose 的好友與合作夥伴芬妮・奧傑。
- ✧ 瑟列斯特・赫莉（Celeste Headlee）的 TEDTalk，她是美國記者，她在十二分鐘內，向我們列出讓對話更順利的十大黃金法則。
- ✧ 如果你想成為給予回饋的高手，不妨聽聽法國回饋專家斯戴凡・莫里烏（Stéphane Moriou）的話，或是閱讀他專門介紹這項才能的著作。

他認為，先給予正面回饋，然後是負面回饋，最後再度給予正面回饋的「三明治回饋」是行不通的。成功的訣竅在於正面回饋和修正性回饋的拿捏要平衡。

✧ 「回饋（feedback）是我們給予他人的禮物，讓他人成長，幫助期發揮潛力。」

✧ 「回饋就像奶奶的毛衣。不見得很漂亮，常常又刺又癢，而且尺寸也未必合適，不過下次有人給你回饋時，用『謝謝！』兩個字回應即可。」

✧ 斯戴凡・莫里烏（Stéphane Moriou），《回饋，對話的力量：給予和接受回饋的藝術》（*Feedback. Le pouvoir des conversations. L'art de donner et recevoir du feedback*），Dunod 出版，二〇二三年。

✧ 道格拉斯・史東（Douglas Stone）和席拉・西恩（Sheila Heen）

著，《謝謝你的指教：哈佛溝通專家教你轉化負面意見，成就更好的自己》（*Thanks for the Feedback: The Science and Art of Receiving Feedback Well*），先覺出版，二〇二一年。

25 化解衝突的機制

這些我早就會了……

一間巴黎的百貨公司請我為卓越客戶關係，設計與主持培訓課程。這項馬拉松式的任務讓我忙了好幾個月，因為我要培訓三百五十位銷售顧問，一組十人，進行三場三小時的課程……算算要多少時間！

第一幕

我必須先跨越最後一道挑戰，才能展開這趟冒險：讓百貨公司的總裁認可我是夠格的培訓師。

面談很簡短，而且令人不安。起初我有點不知所措，後來漸漸鎮定下來。他的神情冰冷，開門見山地說：「您培訓過百貨公司的員工嗎？」

「沒有，先生……只有品牌分店的員工。」我誠實地回答。

「您知道現在是什麼狀況嗎？和《悲慘世界》有的比。這是員工強勢的世界，冷酷無情，有時候會出現過分的行為和惡毒言語。」聽起來，他對我懷有強烈的懷疑。

「是，先生，人力資源經理已經非常清楚地向我描述狀況……」我嘗試解釋卻被打斷。

「您看起來有點太文靜，無法勝任這項任務……」他直接下了判斷。

「恕我冒昧，您何以這麼說？」我問。

「您一臉兒童主日學老師的氣質，恐怕不夠強硬吧。」他有點輕藐地說出他的主觀判斷。

此時，我停頓了一下。雖然他的攻擊很不公平，我還是努力擠出笑容。

「您知道，主日學老師也可以很嚴厲！至於我的氣質，我認為這是一張王牌，因為我很像你們的客戶，而且對角色扮演而言，這可是很寶貴的。」我順著他的主觀，扭轉局勢。

「說得好！但我還是不太有信心。為什麼我非得要貴公司執行這個案子？」他說。

這是很典型的異議。我使出那套已經證明有效的ART法，我們在培訓課程中推薦運用，各位也在處理異議的故事中見過。

「我理解您的擔憂。這確實是一大挑戰，也是一項重大投資。能否請問，對於這麼大規模的案子，您對合作夥伴有什麼要求嗎？」我試著站在他的立場，與他對話。

「您沒有回答我的問題。」顯然他不接受這樣的交流方式。

「我用了一種處理異議的技巧，在探討這項議題的第三堂課時會教給您的團隊，這個技巧的目的就是讓對話者無法辯駁。」我拿出我平常上課的本領。

我直直望向他，仍保持微笑。一陣靜默。「我現在就回答您：The Wind Rose 的零售理念不單單是以客戶為中心。我們的大原則是關注客戶品牌的員工，因為員工才是我們最感興趣的人，這些課程活潑、引人入勝、意義十足、令人難忘，我們正是為了他們而設計與主持的。您的工作人員期待的是善意的目光、體貼、傾聽和尊重，這些都與上對下、學術化且過度幼稚的培訓截然不同。這就是我們提供的服務。」

「好吧。您說得有道理，但……」對方還有異議。

就在此時，門打開了，他的助理走了進來，讓我逃過他的嚇人神情。他不得不縮短這次會面，最後浮現燦爛笑容對我說：

「您做的很不錯。我還不知道您是否會是個優秀的培訓師，不過我感覺您確實是個出色的銷售人員。既然這就是我們需要您的原因，我們就開始吧！」

「謝謝。我會再邀請您到未來的培訓課程。再會。」

真是驚險……我收到提醒了。過程絕對不輕鬆，但一定很刺激。故事繼續。

第二幕

我已經為第一組學員上完三堂課的培訓，一切都進行得很順利。我放鬆下來，壓力也煙消雲散。真是要命的錯誤！永遠都要有危機感，準備越充足，就越能先發制人。

我迎來第二組學員的第一堂課。他們依照培訓部門的指示，將自己想要銷售的商品放在教室入口著的平台上，然後有說有笑地在三張圓桌旁坐下。六十多歲的喬絲琳板著一張臉，手裡拿著一本書，在一個 le Creuset 炒鍋、一條 Acne 牛仔褲、一本席爾凡・戴松的書、一只積家腕錶、一套 La Perla 內衣、一個 Rimowa 行李箱、一個巴卡拉花瓶和一只 Diptyque 香氛蠟燭、一枚 Chaumet 戒指旁放下一個 Louboutin 的鞋盒後，拉開與同事們的距離坐下。

我還沒來得及開口歡迎，喬絲琳就說話了：「我現在就先說吧。我對您的培訓一點興趣都沒有。我在這裡工作將近四十年，看過幾十個培訓師來來去去，輪不到您來教我銷售。我帶了一本書。不用理我。」說完，她轉過椅子背對我。教室裡一片死寂，連一根針掉在地上都能聽見。九雙眼睛盯著我，等待我的反應。

我深吸一口氣，然後說：「我理解，喬絲琳。您確實是專家。要是能和您交流您的最佳實踐和祕訣就好了，而且我相信您的同事一定會很高興能從您的豐富經驗中受益。我擔心的是，我們可能會有點吵，因為我的培訓課程很熱鬧，有很多團體活動和遊戲。我們會打擾到您看書……或許您可以找個安靜的角落看書比較舒服。」

「反正是經理逼我們來的，所以我也沒得選。」她語帶抱怨，也不打算妥協。

「那隨便您囉，喬絲琳。」我說。

現在我有兩個選擇：一個是無視喬絲琳和這個小插曲，祈禱她的負能量不會感染大家，彷彿一切都沒發生繼續我的培訓，或者是「為她」主持這堂課，讓她在字面意義和象徵意義上「回頭」。

你一定猜到了，我選擇後者。不單因為我熱愛挑戰，更重要的是，喬絲琳的不愉快觸動了我，而我從事這份工作，正是出於對受訓對象的愛與尊重。

這堂課將會與其他課都不一樣，我的記憶猶新，充滿感動，很高興能在這裡分享。一如往常，在學員即將抵達之前，我連接電腦和投影機，確認欲放映的影片的聲音，準備好掛紙白板和好幾種顏色的麥克筆，一切就緒，就能像我設計的那樣，結合理論與實作開始進行課程。但是今天我不想這麼做。我選擇顛覆的做法，來個驚喜。「今天早上，我想要用不同的方式上課。這和搭配投影片的傳統培訓不一樣，這堂課沒有教材，而是對零售業充滿熱情的人之間的交流。你們覺得如何？」台下的表情一半興奮一半疑惑。我繼續說。

「習慣了百貨公司裡的人來人往，必須坐著整整三小時，我很了解那種疲憊和沮喪，所以我要請大家站起來，做第一個活動。」椅子的拖拉聲、笑聲、悄聲交談。現在大家都站著，有點驚訝。只有喬絲琳依舊坐著，仍然背對著我，我注意到她的書沒有翻頁。她正在聽。

「選一個同伴，閉上眼睛。剩下的那個人和我一組做練習。現在回答我的問題：這個房間有幾個窗戶？牆上海報的內容是什麼？同伴的頭髮和眼珠是什麼顏色？形容一下對方的穿著。現在張開眼睛，然後回座。」

課程也需要客製化

第一個遊戲是以觀察為主題，也是所有銷售對話的開端，優點是可以打開參與者的脈輪，向他們展現人的觀察力可以開發提升到何種程度。

學員回到座位。喬絲琳仍然沒有翻頁，而我正快速思考，這場全然即興的培訓的下一步。現在我進行關於迎接客戶、與客戶連結的非正式談話，反過來詢問他們，當他們自己是顧客時希望被如何接待。

整個上午，我會使出渾身解術改變他們的觀點。現在我不再是和銷售人員對話，而是和顧客對話。交流非常踴躍，談話充滿豐富的教訓、疑問、尋求建議。我小心翼翼地不對他們的作法表示任何價值判斷，單純讓他們思考自己的開場白或問題會對顧客產生什麼影響。對於「請問我能幫您嗎？」或「請問您在找什麼？」不是常常得到「謝謝，不用了，我只是看看……」的答覆嗎？

我向他們介紹了三重腦理論，這是很有意思的模型，描述人類身心的建構以及運作的方式。這是由美國神經學家保羅・麥克林恩（Paul McLean）在一九六〇年代所提出。大腦以三個部分組成：爬蟲腦、邊緣腦和新皮質腦。如果與顧客初次接觸時就立刻說：「請問我可以幫您嗎？」，我們就是在「挑釁」他們的爬蟲腦，讓他們像森林中獅子眼前的瞪羚一樣，一溜煙逃走！與他們的邊緣或情緒腦對話，才最有機會達成銷售。

為了說明我以口頭方式一點一滴傳授給他們的概念，我們也進行一些角色扮演遊戲，我模仿不來到他們櫃位的各個年齡的顧客，逗得他們哈哈笑。為了扮演這些不同的女性顧客，我借用參與者帶來的大衣和手提包。

翻轉劣勢

正如我和百貨總裁的談話，我實在太像前來購物的「當地的布爾喬亞女客人」，讓學員覺得很有趣。

休息時間到了，學員們沒有到教室外抽根菸或活動雙腿，而是繼續和我聊天。我滿

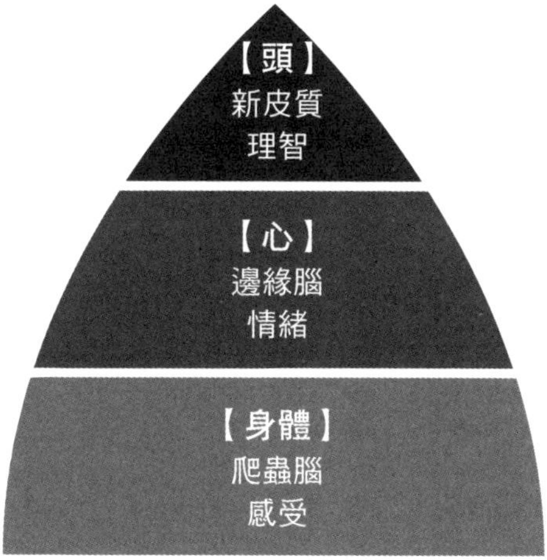

心想去和喬絲琳說話，但她還是沉默地與團體隔絕，我感覺時機還太早。

休息結束，課程繼續，依舊熱鬧無比。為了讓學員意識到以人為中心而非以產品為中心的重要性，我播放電影《法外見真情》（*Les neiges du Kilimandjaro*）的片段。場景是阿斯卡希德（Ariane Ascaride）和尼內（Pierre Niney）在酒吧的對話。阿斯卡希德飾演的瑪麗－克蕾兒一臉失意沮喪地頹坐在露天座的扶手椅，推銷高手皮耶．尼內的膽量和善意則讓她再度露出笑容。

對話開頭是非常典型的：「請問您想喝些什麼？」

「能提神的。」聽見這個回答後，他壯

起膽子。

「最近有什麼讓您特別疲勞的事嗎？」我問。

雖然一開始他錯以為是失戀而推薦來杯瑪莉白莎（Marie Brizard，他用充滿詩意的話語描述風味），不過當調酒師明白到瑪麗－克蕾兒單純是因為人生而悲傷，就輕鬆地改為推薦一杯梅塔莎白蘭地[1]了。

耐心很重要

這堂課即將進入尾聲。我請每個參與者把帶來的商品賣給我。我依序買了 Reverso 翻轉腕表給我丈夫、為自己買了一套精緻的絲質內衣、母親節推出的最新款炒鍋、《雪豹》給我弟弟、為我經常東奔西跑的旅程買了登機箱、一枚 Joséphine 戒指慶祝拿到一個案子、給女兒的一條喇叭牛仔褲、希臘無花果（Philosykos）香氛蠟燭要給超愛這款香氣的朋友當做生日禮物，最後是要放在辦公室的盧克索花瓶。現在平台上只剩下那雙紅底細跟高跟鞋，以棉紙精心包裹，靜靜躺在鞋盒裡。

我假裝忘記這雙高跟鞋是喬絲琳帶來的，說道：「現在輪到誰要把這雙鞋賣給我呀？」

全場鴉雀無聲。九雙眼睛再度直愣愣盯著我。

這時候，我等了整整三個小時、不敢奢望的事情發生了：喬絲琳突然回頭轉向大家，大聲說道：

「我！我要把這雙鞋賣給您！是我帶來的！」她激動的說。

「很抱歉，喬絲琳。我忘記是您帶來的。別擔心，而且快要下課了。我們要進行最後的圓桌討論，頒發培訓證書。」我給了她一個台階下，沒想到……

「我堅持。我們來角色扮演。」他的口氣跟她剛剛堅持要看書一樣堅定。

「好吧，喬絲琳。」看來，我的即興課程奏效了。

大家屏氣凝神。氣氛再度緊張起來。

我開始扮演，強調我就是顧客，有自己的真實生活、真實期待、真實喜好。我走向

1 向梅塔莎（Metaxa）致敬，這是人頭馬君度（Rémy Cointreau）旗下的希臘品牌，The Wind Rose 已經與該品牌合作好幾年了！

喬絲琳從盒裡拿出擺放在平台上的那雙美麗跟鞋。

接下來發生的事，將會在 The Wind Rose 的歷史留下一筆。這場角色扮演遊戲，是我的培訓師生涯中最精彩的經驗之一。

喬絲琳真是了不起的銷售人員。她以優雅卻毫不諂媚的態度迎接我，專心傾聽，對我呵護備至，充滿讚美。我了解到，這個品牌和這雙令人傾倒的高跟鞋製作過程，有多麼令人神往，整個試穿儀式的細膩熟練讓我讚嘆，甚至忘了要對價格提出異議（我總是會提出異議，用來評估銷售人員的處理能力），因為這場體驗完全超乎預期。遊戲結束時，我只有一個念頭，那就是衝到鞋履區買下尺寸合腳的這雙鞋。

我內心微笑著，記下銷售過程中的一些詞彙、問題和小技巧，喬絲琳運用得恰如其分，但是遊戲結束，我當然就不會再考慮這些了。

練習結束時，全場起立鼓掌。喬絲琳的同事們全都起身稱讚她的精彩表現，具備精品銷售儀式的所有元素，是最具啟發性的典範

現在輪到我，我熱誠地讚揚喬絲琳，並對她的每一項才能提出明確的回饋。接下來的場面相當震撼，和各位分享的現在，仍令我感動無比。喬絲琳親切地看著我，表情無

比溫柔地對我說：「康絲坦絲，我要向您道歉。我對您很不禮貌。您的課程是我在這間百貨參加過的最有趣的培訓之一。我從頭到尾都在聽，甚至後悔沒能做筆記。」

說道這裡，她流下眼淚。我也被感動淹沒。我緊緊擁抱了她好一會兒。離開教室前，她又對我說：「我本來想退休了……但我想可以再等等，因為您重新燃起我對銷售的興趣。」

「而您則讓我巴不得趕快買一雙 Louboutin。午餐後我就去找您！」老天！我是真心渴望那雙鞋。

然後她破涕為笑，又說道：「身為公司委員會的一員，我會發通知，鼓勵所有員工都來參加您的培訓！」

故事寓意

這樣的培訓經驗，除了帶來滿足感，還帶來難以忘懷的人性化的一面，正是銷售這一行的魅力。現在，我很高興能與各位分享第一幕的祕訣，以及這兩個故事中，我用以處理衝突的祕訣。

第一幕：成功處理異議的藝術

對話者提出異議或讓你處境尷尬時，我們會立刻想要為自己辯解，這是很自然的。可是辯解本身就是某種弱點。英美人士有句諺語：「攻擊就是最好的防禦（best defence is a good offence.）」。

前面和百貨公司總裁對話時，我使用了ART法。我們常常跳過R，忽略了在A和T中間的再次提問。挑戰對話者的防衛需要的就是勇氣。

這個方法的優點是，讓對話者回答自己的異議，讓你得到一點時間稍作喘息，準備最終論點。這種稱為「反問」的技巧，廣受律師和政治人物使用，他們善於用另一個問題來回應，以轉移或迴避問題。以下是幾個例子：

- 「您這麼說是什麼意思呢？」
- 「您能說得明確一點嗎？」
- 「您為什麼問這個問題呢？」

- 「那您是怎麼想的呢？」

最後，我要用喬治・貝爾納諾斯（Georges Bernanos）的名言總結這一段：

「為什麼您總是用另一個問題來回應問題？

『有何不可呢？』」

第二幕：怯場的處方與利他主義

我將討論三個主題：怯場，這是上台演說時成功的必要條件；再來是我用來「轉變」喬絲琳的技巧，叫做「症狀處方」；最後是無私的愛（agapè）或利他主義，帶領The Wind Rose 的所有培訓師。

怯場

培訓師和舞台劇演員、公眾人物、演說家、律師與其他在眾人面前表達自我的人一樣都會怯場，這種生理現象會令腎上腺素增加，可能會冒冷汗、口乾舌燥、雙手顫抖、心跳加速、肚子痛、雙頰發燙、呼吸困難或表達困難。

預測、控制甚至利用這種怯場，就是成功客服怯場的關鍵。

預測怯場的方法，我會在培訓開始前先與受訓團體打過照面，然後暫時離開，到安靜的地方待一會兒。與學員的第一次接觸，能讓我對整體氣氛、團體性質與管理他們的方式略知一二，這會是寶貴的線索。我會深吸一口氣，慢慢吐氣，然後在腦海裡排練開頭要說的話，最後以正面方式想像整場活動。

控制怯場的方法，我會不斷告訴自己，怯場很正常，若說超過二十年的培訓主持經驗，怯場依舊文風不動，那是因為我仍全心全意投入這份工作。某天，一位年輕的舞台劇女演員天真地對知名演員莎拉（Sarah Bernhardt）說：「我從來不會怯場呢。」莎拉回答道：「別擔心，親愛的，有才能的時候自然就會怯場了！」我最近也讀到演員安德烈·度索里亞（André Dussolier）說：「當我聽到敲三下的聲音，我就是新手。」這些都讓我放下心，希望也讓所有閱讀本書的培訓師安心。

利用怯場的方法，有時候我會說自己其實很緊張。這會逗笑觀眾，在他們的鼓勵下，壓力也隨之消失。

我回想起某次嚴重怯場，那是在馬拉喀什，為 Christian Dior Parfums 的旅遊零售部門主持兩百人的培訓。國際總監、我的老闆和所有該地區的培訓師都坐在第一排，後面是來自全歐洲的美妝顧問，是我和我的團隊即將進行為期四天的培訓的對象。

我必須緊接著在地區總經理發言之後，為這場盛大活動致詞。然而總經理卻不小心「搶走」我的致詞內容，於是我握著風克風對著人群，一個字也講不出來，與會者想必比我更尷尬。那幾秒鐘彷彿如好幾個小時漫長，幸好有人出手搭救，是我的老闆安德烈．波塞。他站起來開始鼓掌高喊「康絲坦絲、康絲坦絲，我們都在你身邊」，然後他轉身示意聽眾跟他一起做，很快的，我面前兩百個人的善意歡呼和掌聲，幫助我想起該說的話。

這些年來的經驗讓我了解到，展現人性和脆弱的一面，就是真正的祕訣。

症狀處方

這是一種言語技巧，是用言語表達（處方）你擔心對方會做的事（症狀）。這是由帕羅奧圖學派（école de Palo Alto）與其領袖保羅．瓦茲拉威克（Paul Watzlawick）推廣的所謂「矛盾」方法。與其挑戰有如陷阱的溝通「把戲」，不如採取另一種態度，也就是玩一場正如對方所願的遊戲，目的是透過荒謬展現對方的把戲行不同，甚至是有害或扭曲的。

以下是皮翁（Paul-Henri Pion）的高明解釋，他擁有經濟學背景，二十年來致力於解讀和預測人際互動，目前從事簡短心理治療與策略教練：「要求某人（故事中的喬絲琳）去做他努力不要做的事（繼續看書，但其實她心底想要參與培訓）可能看起來很奇怪。然而，當他不想做的事情困擾他時，這個方法就能巧妙有效地幫助他。他努力抗拒，無意中停下他沒辦法主動停止的事。這就是症狀處方。」

皮翁繼續闡述，用一個非常生動的例子說明：「想像你的孩子說了一連串粗話。他知道這可能會令你生氣。他試圖挑釁，也許自己並沒有意識到。你不喜歡他講髒話，希望他學會在你面前講粗話。不過在小心灌輸他禮貌的同時，又要尊重他。策略在於讓他感覺你理解他，並確保他再度說粗話的意願降低。這就算是一個開始。接著，你覆述他剛才講過的粗話，然後放膽問他：『你知道其他髒話嗎？』然後以最自然的口吻補充：『那這個（講出與他說出口的髒話同類型的字眼）你聽過嗎？』我保證，你的孩子會感到很不自在。你什麼也不用說，觀察接下來的狀況。發生什麼事？孩子的行為太過火，使你們的關係緊繃。他的心裡很不愉快。配合他，他會感覺自己的處境被了解。至少你知道的和他一樣多，那麼他就可以信任你。」

事實上，我們都會信任至少和自己一樣強大的人（喬絲琳就是如此，她花了一些時間才信任我）。這是保護彼此的原始過程。既然他已經平靜下來，信任你，那就有談判的可能。此處的談判代表不談判，因為沒有必要。他的訊息已經被接收到，那麼這件事就過去了。

這個例子強突顯出症狀處方的動力，在於無條件接納對方，這是以尊重與同類和解的唯一方法。」

無私的愛（agapè）

「Agapè」來自希臘文，為哲學概念，意指「神聖」、「無條件」的愛。「Agapè」常常用來與基督之愛做比較。寫下這些文字時，我正在閱讀伊莎貝．卡爾金斯（Isabelle Calkins）在 LinkedIn 上發表的文章〈Agapè，利他之愛〉（L'agapè ou l'amour altruiste）：「這是一種對他人的精神之愛、高尚的慈悲、善意。它不受慾望和期待的束縛，是無條件的接納。Agapè的愛帶來一個悅納的空間，充滿尊重和無限可能性，既溫柔又堅定。在培訓過程中，它察覺到需求，打造必要的開放性或阻力，讓學員得以成長。愛是轉化的美好工具，在訓練過程中擁有不可或缺的地位……」

我要為這個「故事寓意」做結語：忽視這些持懷疑態度或頑固的參與者，或者試圖正面交鋒，會是一大錯誤。機智、敏感、溫柔、無私的愛，就是重視與強調每個人的經驗的關鍵，進而打造信任、善意與安全的帆為，讓每一個人都能夠學習，分享其最佳實踐，激勵彼此，互相充實，同時也享受樂趣。

充電小歇

✧ 《法外見真情》（*Les neiges du Kilimandjaro*），侯貝 葛地基揚（Robert Guédiguian）執導，二〇一一年上映。

✧ 關於脆弱，我建議不妨聽聽暢銷作家布朗（Brené Brown）在TED的動人演說。她將自己定義為研究人員和說故事的人，提醒我們每個人的本質都是脆弱的，而不是超級英雄。她指出，在我們的社會中，脆弱（例如表現出情緒）被視為一種弱點。然而事實正好相反，「這是能夠改變人生的力量」。

✧ Isabelle Calkins在LinkedIn上的文章，二〇二三年八月十一日。Isabelle Calkins 是演說家、培訓師與教練，著有《*Prenez la parole, prenez votre place*》，De Boeck Sup 出版，二〇二〇年。

26 線上授課的感性展現

開啟視訊

這篇故事由伊德傅柯分享。疫情期間，我們都被迫透過 Teams 或 Zoom 的虛擬方式進行線上培訓，不過這些軟體如今已經變成我們新的會議室。這股趨勢持續至今，減少移動成本和碳足跡。

我們的培訓課程也不得不適應這番新局面，無論是內容還是授課方式皆然。身為高參與性活動（例如團隊桌上型遊戲）的愛好者，這股新動態要求我們接受一些挑戰，尤其是成功傳達並激發教室人群的能量，然而大家都待在家裡、保持距離、有時戴著口罩。我們了解到，沒有什麼是不可能的，前提是我們身處同一個時區，而且大家都開啟視訊！

經過三年和世界各地的團隊進行遠距培訓，團隊規模從八人到二十人不等，現在我們在這方面已經相當駕輕就熟。

一開始的壓力非常大，後來因為各式各樣的事情而漸漸放輕鬆，例如無法好好分享一份文件，或文件像被小孩拿彩色筆亂畫一通，而且再也找不到橡皮擦功能，這一切都發生在關掉視訊和麥克風沒連接好的參與者眼前。或是滑鼠不見了，而你費盡掙扎，在早上八點半，用中文對著虛擬世界的無垠虛空打招呼、傻笑。

沒有對象感，連互動都不得其法

現在我們對此一笑置之，也規劃了一切，盡可能讓這些培訓課程充滿趣味和互動性，因為我們明白，不消一個小時，這種溝通方式對參與者而言有多麼累人。

要在虛擬會議室裡討論人性是一大挑戰，我們很高興也很自豪，能夠成功適應這個新的現實。我還記得最初的線上培訓課程：首爾之行變成靜止的旅程，我在布魯塞爾的辦公室，透過韓語的同步口譯，懇求參與者連線時開啟視訊，關閉麥克風。想像一下二十個戴著口罩靜默無聲的學員，這可真是一大壯舉！

誰會在會議中遮住臉啊？沒有人！

你還記得心理學家麥拉賓發明的「3V法則」嗎?也就是:

- 七%的溝通是透過文字=言語(Verbale)
- 三八%的溝通是透過聲音的音調和音量=聽覺(Vocale)
- 五五%的溝通是透過臉部、肢體語言或姿態=視覺(Visuelle)

因此,關掉視訊就是切斷五五%的溝通,就像用電話談話一樣。

面對漆黑的螢幕,上面只有姓名縮寫或一張大頭照,培訓主持者根本無從分辨學員的反應或有所應變,而主持者與規劃培訓的人接收到的訊息卻再清楚不過:「我不重視這場培訓。我有別的事情要做……」

和許多老師一樣,這段時期我常常對著一整面黑格子講課,甚至見到剛洗完澡頭上包著毛巾的參與者,也有難看的燈光和大溪地海灘或舊金山的大橋等,超現實的背景。

漸漸的,我習慣了,學員也是。我學會等到學員都到齊後,才「允許」他們進入培訓課程,免得光是「我們在等米蘭店上線」、「好囉,我們馬上就開始……」、「啊,抱歉,聽不見你的聲音,你靜音了!」、「瑪泰歐好像不見了……啊,他回來了,我允許他……」甚至是「歡迎回來，我們繼續囉」就說到我嗓子都啞了。

遠距上課時，大家更少開口了。我學會避免一開始就問問題，因為毫無幫助。必須等到一切都上軌道。以數字或暱稱開頭的學員名稱，也讓我們完全無法辨認他們！

因此，我們會等到大家都到齊，然後開啟視訊。大家笑得比平常更燦爛，我們會說笑話放鬆氣氛，盡可能讓一切更人性化，不時改變節奏，增加短暫休息時間。另一個難題則是：怎麼知道誰在看誰？

語速、節奏、設計流程，最重要的是「耐心」

基於所有這些原因，培訓師主持遠距課程要花費雙倍精力。要有同理心、敏銳、善於教學，我們的熱情就是傳遞知識，確保課程是有效且恰當的。

同時間看到這麼多張臉孔和微表情，確實會讓人眼花繚亂，所以我們努力適應每一個人，重新激勵每一個人，跟上每一個人的節奏，說服每一個人。這並非易事，因為學員經常忘記自己會被看見，因而對我們漫不經心。事實上，次語言非常普遍，是人類在社交互動中最先注意到的表達，無精打采的姿勢或癟嘴都會令人氣餒，打斷對話。

必須要展現得有耐心，有時放慢說話速度、重複、等待因為技術問題導致定格的臉孔恢復正常、多次請對方打開麥克風因為他在對空氣說話、讓他打起精神，而光是在正常的時候他們就很難開口發言。

這確實是一項挑戰。而只要逗笑他們、讓他們開心、保持耐心、靈活發揮，挑戰就能迎刃而解。舉例來說，要怎麼遠距進行角色扮演遊戲呢？我決定不時扮演進入店內要求更換帽子、手提包、圍巾、大衣的客戶，只為了逗他們開心，要求他們準備提案，這招效果很好，大家笑成一團，玩得很開心。有時是讓學員在線上互動，他們看不見彼此的臉，只能在電話裡聽見聲音，以便在店面之間調貨或換貨。

一開始，我認定這種新的培訓方式缺少人性，但現在我意外發現自己反而更加人性化，充分發揮所有精力，更將我的創造力發揮到極致。在精品零售業內參加過多年線下培訓的學員說：「我們從來沒參加過這麼好玩、這麼活潑有趣的培訓」，這些熱情的意見就是最美好的回報，激勵我們繼續朝這個方向努力。

目前我們優先提供教室培訓課程，不過我們願意為在千里之外的人們提供遠距培訓，唯一的條件是，他們要開啟視訊。

27 同業交流的強強聯手

你教，我學！

這篇故事由波內－貝斯分享。幾年前，貝爾東為一個知名旅行箱品牌設計了「零售的藝術」培訓。這項課程是針對該品牌的菁英銷售人員。培訓的開頭，是邀請學員到一座歐洲富有歷史的城市，在宮殿級酒店度過兩天兩夜，以「體驗酒店客戶的生活」，並以此為酒店的服務水準打分數。

住宿結束後，學員受邀與讓他們體驗這些特殊時刻的所有人員會面，從櫃檯經理、禮賓部人員、客房清潔人員、房務人員、水療中心和餐廳等工作人員，他們將與學員分享自身職業的價值觀與高水準款待的理念。

最後一天是頂尖銷售人員彼此分享最佳實踐，做為培訓的結束。每個人都講述自己的成功經驗，為同行帶來許多勵志的典範。

莉迪亞也是其中一員，她是義大利人，是業界的一流高手，擁有令人難忘的魅力和優雅氣質，在倫敦為該品牌工作，她靜靜站在一旁。她默默聽著，胸前抱著一本大筆記本。

然後神奇的事發生了，她把筆記本放在大腿上，說道：「這本珍貴的筆記本中記錄了我二十年來的重要成交。我把所有最枝微末節的細節全都記錄下來，從來不離身。這是我的聖經，我的參考資料。沒有它，我就沒有今天。所有內容都以代碼寫成，只有我能讀懂。現在，我要把我的祕訣告訴你們……。」最年輕的銷售人員目瞪口呆聽著莉迪亞的故事，從她那裡學到了在任何書裡都沒有的東西。

故事寓意

這篇故事說明了同儕學習（peer-to-peer learning）的力量。不同於上對下的傳統教學模式，同儕培訓是把集體才智放在學習過程的核心，在精品零售業中已證明其效果，顯著提升營運績效。

每一個團隊成員都能貢獻一己之力，成為學習中的重要角色，以自身經驗和分析，補充企業培訓的制度貢獻與理論概念。這種知識分享的方法成果極為豐富、互惠且慷慨，能夠激發學習者的自主性、參與度和動力。

同儕學習的概念由哈佛大學物理學教授瑪祖爾（Eric Mazur）發明，他也是「翻轉教室」的發明者。

「我的學習帶來的唯一成果，就是讓我感覺到還有更多事物要學習。」

——米歇爾・德・蒙田（Michel de Montaigne）

28　經典與創新的完美融合

白色小洋裝

本篇故事由娜塔莉分享。故事發生在一個高級訂製服品牌，該品牌的分店散布全世界最華美的地點，如紐約的第五大道，倫敦的斯隆街，上海的恆隆廣場，東京的六本木。在法國，該品牌的店面座落在巴黎最精華的地區，像是蒙田大道和聖多諾黑街，以及坎城、蒙地卡羅……品牌為極其挑剔的忠實客戶提供完整的服裝系列，品質和剪裁無懈可擊。正是這份客戶忠誠度令品牌的實力堅強，每一位銷售顧問都與自己的客戶維持穩定密切的關係。

提升銷售團隊的專業技能是首要之務，銷售顧問每年依照度假系列、春夏系列和秋冬系列接受四次培訓。設計師會親臨各個店面，介紹靈感、情緒板（mood board）、織品、版型剪裁，以及多件服裝單品的搭配方式。

品牌也定期規劃銷售藝術培訓，但銷售顧問對此常常不太情願，甚至保持懷疑態度。

如何為經典品牌融入創意？

我選擇將思路定位在兩個大方向：將客戶重新放在銷售過程的中心，以及提升銷售人員的能力和專業度。

教學語料庫是與一位時尚專業人士共同設計，以四個活潑的工作坊為中心所規劃。第一個是色彩工作坊，依照每個人的眼珠、頭髮和膚色，找出最適合的色系。學員坐在燈光強烈的化妝鏡前，鼓勵她們在金色和銀色之間做選擇，接著臉部周圍披上金色或銀色的布料。她們往往驚訝地發現自己常常出錯，因而感到好笑。這也能讓學員懂得辨認暖色系（金色）和冷色系（銀色）之間的差別。接著，團隊會研究各種顏色與色彩搭配。

第二個工作坊是以臉型為主，愈來愈多光學師也採用這個技巧，為顧客選擇最適合的鏡框。

最後，第三個工作坊是認識體形，並運用正面的詞彙（漂亮的胸形、女性化的曲線、纖細的腰、優美的雙腿……），最重要的是選擇能夠突顯每一種身形的版型剪裁。

為了讓這項學習更臻完善，最後一個工作坊在店內舉行，邀請最佳客戶參與「形象顧問」活動。她們會獲得彩妝諮詢，以及來自新系列的服裝搭配建議，這些都是受培訓師指導的銷售顧問的分析成果。活動前會花半天時間準備，並規劃與記住存貨。

最為人津津樂道的一場工作坊是在里昂店。一位常客稍微提早抵達，穿著深色長褲和外套。原本在培訓期間興致高昂的一位銷售顧問突然有點洩氣，咕噥著這位迷人的客戶總是選擇系列裡最中規中矩的款式，認為自己個子太高，身形太圓潤，也不年輕了。培訓師微笑接手，為客戶進行分析，找出最襯托她的色彩、她的臉型與體型。客戶逐漸放鬆，臉孔明亮起來，色彩提亮她的膚色，優美地露出低領口，試穿的裙子也令她很欣喜。

試裝結束時，她穿著一件花冠風格的夏季白色洋裝，顯得光彩照人，有迷人的V領，繫上寬版腰帶突現她的纖細身形，她開心得直接穿著新衣服離開店鋪呢！

故事寓意

本篇可以學到兩件事，一個是在培訓層面，另一個則是關於銷售層面。

要激起學員的興趣，必須懂得不斷創新，跳脫框架。擁有許多受訓精練的學員在一成不變的培訓中，可能很快就會感到無聊，因而令團體和培訓主持者浮躁不安。因此，要減少或避免這種風險，就必須以學員為中心，因為培訓課程中的學員就像需要關心的客戶，他們也需要受重視、受照料，並學習在個人層面也有用處的觀念。用兩個字來說，他們必須對培訓「買帳」，才會願意聆聽課程內容。

許多培訓師在開始課程時，都跳過這個「銷售」培訓的步驟，後續就可能是一場災難。雖然我們像是老調重彈（在教學中，重複可固著觀念），客戶必須放在體驗的中心，整個過程都必須圍繞著客戶。

雖然精品銷售的一大部分在於情感，但這仍是需要技巧的職業，必須具備產品、社交技巧和專業能力的多方知識，例如本篇提到的觀察、臉部與身形分析，以及合適的建議。要獲得信任，就必須巧妙結合客戶與嫻熟技巧，能讓客戶建議更順利，促進客戶參與度。對存貨瞭若指掌也對成交很有幫助，如：造型、版型、顏色、尺寸、價格等。

無論是培訓還是銷售，拓展極度個人化的項目能出乎學員或客戶的意料，而且往往是驚喜呢。（我們一提再提的）大膽能跳脫既有的思維，回應（或不回應）培訓品牌表達的需求或消費者表達的需求，以不一樣的提議，帶給學員和客戶出乎期待的驚喜，最後再以打破陳規且難忘的主張吸引他們。

還記得我們在安東的故事〈你能為愛做到什麼程度？〉中提過的3W技巧嗎？

- 最初的欲望（Wanted）：也就是客戶要求看的物品。
- 挑戰者（Why not）：也就是可以透過與客戶的個人故事相關的另一個特點以吸引客戶的物品。
- 驚喜（Wow）：也就是完全在客戶意料外的物品。

29 培訓更需要感性連結

城堡的邀約

這篇故事由加迪利與拉余分享。歡迎蒞臨法國最美麗頂尖的製造商之一，擁有數百年的歷史，只有我們如此美好的國家才能打造。

這個尊貴的品牌在餐桌布置與裝飾品名聲斐然，除了生產瓷器、水晶和銀器，超過三百年來，該品牌延續法國精品的首位「贊助人」國王路易十四的意志，為法國對全世界的影響力有所貢獻。

雖然過去三十年，時尚、珠寶、皮件或鐘錶品牌迅速發展且大受歡迎，餐具與裝飾品卻沒能享受同樣的榮景。許多品牌都經歷過難關，最糟糕的情況是破產，最好的情況則是銷量停滯，對年輕客群的吸引力毫無增長，後者在意品牌「過度貴氣」的形象，而不是精緻的「接待的藝術」。

前面提到的品牌如今也不例外。雖然品牌名稱享譽全球，有如該行業的典範，但每一筆特別訂單或婚禮禮物，都是銷售顧問用堅持不懈的努力與全心投入所換來的。這裡沒有候補，沒有「我要這個」，沒有衝動購物，沒有轉瞬即逝的潮流。

一些銷售點不得不結束，有些則迫切需要翻新。必須承認，在這個瞬息萬變、有時令人迷惘的世界裡，面對高速運作、投資屢屢攀升的巨頭面前，團隊有時候也會疲乏，尋找意義，試圖找回喜歡和熱情。

因此，The Wind Rose 接受這個高貴品牌的要求，以嶄新的銷售儀式重新詮釋齊力是，以滿足今日客群的期望，即以顧客為中心、敏感、傾聽、親近度、情感、提問的藝術、顧客忠誠度，這一切都要與團隊全體的謙遜和歸屬感和諧共舞。

許多工廠很幸運在發源地扎根，因為自然環境及接近原料促使他們落腳此地。製作工房是法國工業化的見證，往往與「宅邸」比鄰：這些宅邸是管理中心、創辦人及其家人的住所、接待貴客的場所，令工廠別具建築和歷史風情。

為了向銷售顧問傳達我們設計的培訓，我們決定「前往城堡」。即使是資歷最深、最忠誠的員工，參觀工廠也是少有的大事，這個計畫立刻激起團隊的興奮熱忱。

在幾個月的期間，我們將有機會在這座壯觀的「宅邸」進行培訓，每次兩天，訓練八組銷售人員和店長。

這場邀請規劃經過精心安排，行程也極為周詳。為期兩天的活動開始之前先參觀工房，讓參與者重新感受品牌的核心與靈魂，為他們的銷售術語注入全新的情感與感官層面。每個工房裡，工匠們悉心打造產品，以笑容和熱情歡迎參與者，其中許多工匠在各自的領域中都是「法國最佳職人」（Meilleur ouvrier de France）。問題接二連三冒出，好奇心蓬勃，各種動作和機械的嘈雜聲中迴盪著「哇喔」和「啊～」。一切似乎擁有新的意義、新的存在理由，這些因為時間而一度逐漸模糊的感受……

賓客們隨後發現，他們將住在城堡，或者更確切地說，在下榻城堡期間接受款待。這裡固然不是宮殿級酒店，因為宅邸並沒有對一般大眾開放。在這裡就像一個大家庭，每個人都有自己的房間，感覺就像在家。

三餐在城堡的用餐室吃，是簡單的當地料理，由親切的女士們備製，她們都是該公司的前員工或家族成員。晚餐也很單純，就像朋友之間一起吃飯，就像在家，畢竟我們就在「品牌之家」。談話愉快，許多回憶浮現，用心布置的餐桌上是最精緻的餐瓷、玻璃杯、銀器，但是整體的溫暖氛圍既輕鬆又優雅。

我們的培訓活動在一間以線板和歷代經營該公司的男性肖像畫裝飾的大房間進行。設備皆符合需求，投影機、大桌子、舒適的扶手椅、筆記本、可自行取用的飲料。我們滿懷信心地開始培訓，「吸引」參與者，他們從昨天就展現出新活力、對討論和學習的渴望，深深感動我們，我們也拿出最佳表現予以回應。

某堂課正好遇上和煦春陽，我們決定走出教室，前往一旁的庭園練習演說的藝術：堅定地講述該品牌三個世紀以來發生的各種趣事軼聞。有如重現電影《春風化雨》（Dead Poets Society）中的「死亡詩社」……在最後的圓桌會議中，一位擁有二十五年資歷的參與者，對我們獻上最高讚美：「您重新燃起我從事這個行業的渴望。」

故事寓意

對學員而言，參與培訓是一種體驗，和顧客在店中閒逛沒有兩樣。這兩種情境有許多相似之處：體驗必須是多感官、有感情和有意義的，才能留下印象，留下美好的記憶痕跡。

我們都知道，無情的「遺忘曲線」會殘酷地抹消我們對培訓課程的記憶，特別是沒有後續複習的一次性活動。艾賓浩斯（Ebbinhaus）曲線能夠讓我們隨著時間過去，記憶更多元素：

相反的，有一件事會永遠留存下來，那就是在課程中的「感受」。

事實上，培訓的效果只有一部分取決於學習、角色扮演遊戲中分享與經驗的教誨、主持人的教學。比這些更加重要的，是對培訓的記憶，這才是回到商場後實際運用顧客關係技巧的關鍵。

因此，如果條件允許，培訓師務必要慎選課程進行的場地，才能讓發揮課程的力量，即這項活動的「挑戰者（Why not）」。

並不是每個品牌都能幸運擁有漂亮的歷史古蹟能邀請員工前來。不過，總是能選擇一個與欲傳達的品牌存在意義，或培訓的關鍵訊息相呼應的場所。

精心選定課程進行以及課前課後進行的場所後，培訓師可依照所選擇的互動方式規劃教室：「階梯教室」的傳統格局很適合教學，但是很快就會讓培訓受限。U形桌常用

艾賓浩斯曲線

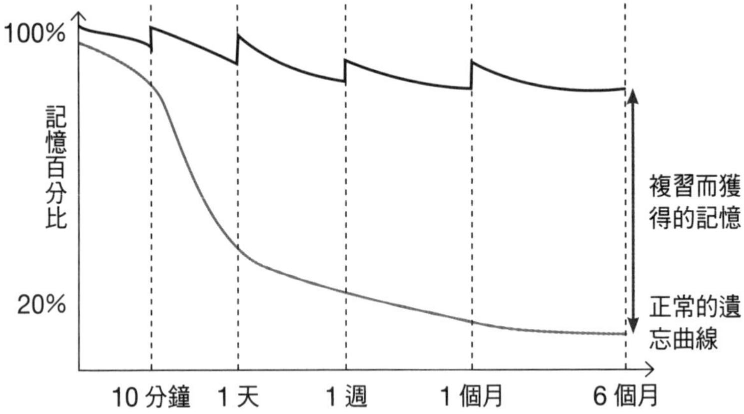

於工作會議，保證參與者在午休後就開始打瞌睡……

我們偏好的配置稱為「花型」（marguerite）：在教室中擺放四到五張圓桌，將參與者分成四到六人一組，確保每張桌子的組員都與經理、部門同事或每天一起上班的同事分開。在教室中央主持課程，搭配藍芽簡報筆，就能像真正的演講者一樣翻頁投影片，消除「高高在上的老師」形象，鼓勵大家參與和交流。

無論在培訓還是在精品零售領域，這一切都對成功有幫助。一堂課就是寶貴的時刻，所有的感官全都開啟：觸覺（扶手椅和桌布的質感、原子筆和筆記本的書寫順暢度）、味覺（休息時間的一杯好咖啡或好茶、正餐）、嗅覺（沒錯，幾乎察覺不到的細緻室內香氛也能讓一整天更怡人！）、聽覺（確認環境安靜，以動人的背景音樂或教學影片為培訓課程增色，用品質夠好的音響系統播放），當然還有視覺（地區、場地、別緻的布置……）。

細心規劃課程，你就有機會在很久以後，幸運遇到某位參與者，他會對你說：「那次的培訓真的太精彩了……謝謝你！」

30 懂換位思考，團隊更有向心力

換人做做看

這篇故事由布朗夏分享。我們可以套用史懷哲醫生（Albert Schweitzer）的話：「以身作則不是一種管理方式，而是唯一的方式。」我要用一個親身經歷的故事闡述此觀點。這個故事發生在精品領域之外，但我認為適用於所有配銷形式、所有行業、服務公司，無論規模大小。

過去幾十年間，這些公司經歷許多變革和重大轉型，從改變模式（產品 vs 服務）、消費者賦權到全面數位化轉型。大部分的公司都以倒金字塔的顧客文化為中心進行改造，這種新的絕對命令體現在顧客體驗和旅程、章程、參與度、承諾等。我要講述的公司歷史更悠久，幾乎來自「上個世代」。

這家電信公司為培訓投入極可觀的心力（例如創立十六所職業學校），以便員工能夠轉職與／或適應同事。

最晚創辦的是顧客服務與顧客關係學校，旨在培訓前技師（職業已過時）與新進員工，讓他們能夠勝任助理與銷售的工作。這所學校也培訓團隊，負責銷售推廣、教練式領導、督導……。

創造難得機會

一位地區經理請我們主持為期兩天的培訓，主題是客戶關係，培訓對象是整個管理委員會及十一個現場經理（電話中心）。主持同儕培訓（銷售顧問、銷售人員或店長）和管理委員會培訓有什麼差別嗎？

有，差別非常大，因為權力與權威的影響力都「齊聚課堂」。即使董事長（或CEO）表現親切和善，輕鬆又樂於參與，也不會改變他在教室中握有權力的事實（人資長、財務長、現場經理等也是如此）。

因此，身為培訓主持者，必須整合這個層面，評估活動是否適切，以達到培訓的主要目標（團隊凝聚力、制定管理章程……），不要說一大堆不夠明確的內容導致共識不足，也要避免引發人人心知肚明的緊繃氣氛。由於我們與決策者之間建立起信任關係，於是在課程中悄悄加入一項活動，為他們帶來充滿教育意義又難忘的體驗。

培訓第一天午休時，所有參與者都受邀前往我們培訓的電話服務中心之一，該中心經過特別配置，可正常運作並接待管理團隊，後者將進行兩人一組的活動。

配對是隨機組成的（董事長和一位現場經理搭配，人資長則和經運經理配對等等）。桌上是真正尚未解決的客戶文件，他們必須在打電話給客戶之前了解來龍去脈（客戶通常是午餐時間在家，而且往往很不滿意或不高興）。

每個二人小組都由一位「電話顧問」和一位「觀察人員」組成，前者負責與客戶對話，後者扮演高一階的主管，利用目前應用的評估表格進行督導監聽。想像一下董事長在電話中，而他的下屬觀察他的表現，還幫他寫評語！

每個小組進行二到三次完整談話，為客戶達成（對公司規定而言）滿意的解決方案……或是沒有達成。每一個人都要參與遊戲。有些人體會到孤獨或不安、困難的時刻，不過也有強烈的滿足感。

當然，這場體驗的重點就是隨後的詳細檢討會報，從處理狀況的敘述到表達所經歷的感受和情緒。

從這次的經驗中，我們得出以下的教訓：

- 大家都承認「第一線」工作的複雜度（是他們始料未及的）。
- 大家都感受到積極傾聽（在提出解決方案、重新措辭之前，先提問和傾聽）、回應異議且遵守公司銷售政策規定、顧客提高聲音時（該狀況發生了幾次）保持冷靜和禮貌。
- 大家都強調團隊之間需要合作和跨部門協調，以回應對「單一對話者」的承諾，並且實際上有時必須跳脫流程和腳本。
- 大家都對監督指標的適切性、基層管理者的任務與專業能力提出疑問。

故事寓意

培訓結束後，也就是一天後，才顯示出最重要的事。

管理委員會中最有影響力的一位成員分享了這次「換人做做看」的拓展體驗所引發

的情感，讓他得以為管理注入實質意義，而在此之前，管理對他來說只不過是一項專業。他的拋磚引玉讓其他參與者也踴躍發言，紛紛同意他的說法。

對我而言，這些話突顯了一個根本概念：我們不能把員工管理（評估、回饋、發展……）和管理職分開看待，這點對整個組織的各個階層都適用。

要做到這一點，就必須了解對方的工作……所以，這其實就是觀乎榜樣。

這則故事也強調了一件事，那就是重新思考自由發揮的空間，也就是我們給銷售人員和顧問多少主動性，使其能夠滿足顧客、處理申訴，重新定義我所說的「紅區」（公司的規定）和「藍區」（主動舉措）。

員工接受的管理品質愈高，就愈能提供更好的服務品質。

後記——從拒絕開始的顧客，與你關係更深遠

無論精品顧客或學員屬於哪個世代，這個產業的銷售和培訓的未來，都在於以下這道等式：

我向你微笑＋我看著你＋我對你的世界有興趣＋我傾聽你＋我理解你＋我用心對待你＋我給你建議＋我將我對品牌及其產品的熱忱傳達給你＋我讓你享受意想不到的沉浸式體驗＋我將新的知識和／或專業能力傳授給你

（如果我是培訓師）

＝

你夢想＋臣服於誘惑

（若你是顧客）
你學習＋你找回銷售的樂趣＋你得到啟發
（若你是學員）

精品零售領域從「交易」層面轉為「情感」層面後，現在再度轉向顧客和銷售人員之間的「合作」、「社群」精神、情感的共同創造，「和我說說您」的訊息、默契和連結的力量之重要性更勝以往，新世代對目前和未來對此都特別敏銳。

這項變化主要來自銷售人員的個人好奇心、在課堂上獨自或和同儕學習、不斷自主獲取文化和網路資訊。隨著數位轉型加速，顧客的品味與喜好以空前的節奏變化，這股學習渴望只會愈發重要。

他們還要具備科技敏銳度（智慧鏡面、觸控服務、電子遊戲化、網購店取……），還要關心環境與社會問題，面對數位化爆炸性成長和永續發展的挑戰，就是精品產業今日與未來的有力承諾。

因此，為了協助精品牌吸引吸收街頭文化的世代（千禧世代和Z世代，到二〇二五年將占市場超過七〇％），銷售人員必須重新打造出對等的姿態，同時保有精品的靈魂，即獨特性、稀缺性、專屬性，讓每一個人都體驗無法以金錢衡量的特質，也就是共享人性化的時刻，不排除任何人。這是服務的關係，而非奴役的關係。

今日，一種關係策略興起，不同於傳統上強調品牌和價值、較精英的關係，銷售團隊如今面對棘手的任務，要在這片不斷變動的汪洋中前進。

他們的新角色將是與以下兩個族群的想像對話：

- **Y世代**是「衝動、節省，熱愛精品又叛逆，既經典又現代⋯喜愛並購買精品，但同時也要求精品改變和適應自己」，艾里克・布歐納（Éric Briones，別稱Darkplanneur）和葛雷格利・卡斯柏（Grégory Casper）在精彩的著作《Y世代與精品》（La Génération Y et le luxe，Dunod出版，二〇一四年）中如此描述。
- **Z世代**，「遊牧、部落主義、富感情」，專門研究Z世代的人類學家艾莉莎貝特・蘇里耶（Élisabeth Soulié）如此定義，她也是《X光下的Z世代》（La Génération Z aux rayons X，Éditions du Cerf出版，二〇二〇年）。他們在各個領域受到各式各樣的意見領袖影響，從生活風格、美妝保養、運動、料理、二手產品、回收和升級再造、日本漫畫和電玩皆是。

要擄獲Y世代的心，銷售人員要針對他們在Facebook、Instagram、WeChat或TikTok上美化的自我，迎合他們「對世界的嘲諷且意識過剩、利他主義和自我中心」的價值觀（按照艾里克．布歐納和葛雷格利．卡斯柏所見）。

而要吸引Z世代，艾莉莎貝特．蘇里耶再度強調銷售人員要「培養連結與日常的存在，以近乎母親關懷的方式，讓顧客感覺受到傾聽、重視與呵護」。

對於這兩個世代的每一個顧客而言，精品零售領域的目標是細膩拿捏親近度、巧妙結合輕鬆或「酷酷的」態度與精緻感、營造沒有距離感的優雅。

是時候為我的書做結語了，近年來流行文化席捲精品世界，因此我選擇以「流行文化」（pop）和放眼未來的調性結束這本書。

這股浪潮對新世代的行為、偏好與決策過程擁有顯著影響力，今日與未來的銷售人員必須適應這股風潮。

從心理學的觀點來看，年輕顧客受到對歸屬感的驅使，而流行文化就是這股渴望的媒介。如果銷售團隊妥善運用顧客有同感的共同經驗、對話和參考內容，建立更深刻、成效更豐碩的關係，就能獲得成功。

與這股定義當下潮流的流行文化保持一致，精品銷售人員可利用客戶對社會認可的需求，讓介紹的產品或設計品顯得更有吸引力、更容易領會。

最後，無論是對過往潮流的懷舊之情，還是對新潮流的興奮，流行文化的本質就是激發情感。因此，如果銷售人員能夠巧妙運用這些情感要素，就能以更富感情、更長久的方式建立客戶互動。

對零售團隊而言，現今與未來的挑戰在於去「客戶的語言」，使用客戶經常造訪的平台、看懂客戶分享的迷因，增加好奇心和創意，懂得使用深層幽默，表現出開放、俏皮和輕鬆的心態，換句話說，就是採取「POP」心態，即多領域（Pluridisciplinaire）、開放（Ouverte）和活潑（Pétillante）的姿態，這就是與世界保持同步的不二法門！

鳴謝

我要向我的兩位編輯 Élisabeth Fišera 和 Caroline Moreau 致上最深的感謝，她們對我的提案有信心，在寫作過程中一路以善意和智慧陪伴著我。

我也要深深感謝我的三個孩子，伊佐兒、盧多維克和阿莉艾諾・德傅柯：

- 伊佐兒是才華洋溢的課程設計師與培訓主持者，從二〇一四年與她愉快合作至今。
- 盧多維克對我第一個版本的序言提出異議，讓我徹夜在爆笑和凌晨四點的歐姆蛋的陪伴下改稿。
- 阿莉艾諾與她的丈夫艾曼紐・克雷克，兩人皆在出版業擁有豐富經驗，在整個書寫過程中給我建議、支持並鼓勵我。
- 我也要向親愛的 The Wind Rose 團隊獻上最熱情誠摯的感謝，沒有他們，我就不可能完成這項壯舉。他們不僅在我寫作的五個月間獨挑大樑，而且也為本書貢獻良多。

我要特別感謝艾蜜莉・加迪利（Émilie Jardry）、奧荷・加利斯（Aurore Gallice）與艾瑞克・拉余（Éric Lahure）提供自己的故事，以及 Fanny Lelièvre 為封面及銷售與培訓的章節繪製插圖。

衷心感謝慷慨的朋友與客戶為我撰寫精彩的推薦序：Émilie Viargues-Metge、Virginie Arnoux 和 Sabine de Monteynard，以及充滿教育意義的有趣故事：Eric B、娜塔莉・班恩希・莫納斯特里歐（Nathalie Banessy Monasterio）、伊夫・布朗夏（Yves Blanchard）、紀雍・庫桑（Guillaume Cousin）、貝爾東・波內－貝斯（Bertrand Bonnet-Besse）、Milena Rouinvy、Mildred Fabian、Sibylle Darblay-Balsan、Jean-Maxence Garnier及Alexandre Doleac。

最後我要感謝 Stéphane Dieutre，我在二〇二三年初認識了他的著作《那現在，我該做什麼？》（*Et maintenant, que vais-je faire?*），就是我付諸行動的最初原因！

Non, merci, je regarde
L'art de la vente et de la relation client dans le luxe

讓成交更優雅
與顧客共創故事，法國精品銷售教母的情緒價值課

作　　者　康絲坦絲・卡維（Constance Calvet）
譯　　者　韓書妍
編　　輯　賀鈺婷
封面設計　Dinner
內文排版　顏麟驊

副 總 編　鍾顏聿
主　　編　賀鈺婷
行　　銷　黃湛馨

印　　刷　呈靖彩藝有限公司
法律顧問　華洋法律事務所　蘇文生律師

ISBN　978-626-7523-63-6（平裝本）
978-626-7523-58-2（EPUB）
978-626-7523-59-9（PDF）

定　　價　460元
出版日期　2025年9月（初版一刷）

出　　版　感電出版
發　　行　遠足文化事業股份有限公司
（讀書共和國出版集團）
地　　址　23141 新北市新店區民權路108-2號9樓
電　　話　0800-221-029
傳　　真　02-8667-1851
電　　郵　info@sparkpresstw.com

國家圖書館出版品預行編目(CIP)資料

讓成交更優雅：與顧客共創故事，法國精品銷售教母的情緒價值課／康絲坦絲・卡維（Constance Calvet）作；韓書妍譯. -- 新北市：感電出版：遠足文化事業股份有限公司發行，2025.09
336面；14.8×21公分

譯自：Non merci, je regarde: L'art de la vente et de la relation client dans le luxe

ISBN 978-626-7523-63-6（平裝）

1.CST：銷售　2.CST：品牌行銷　3.CST：行銷策略　4.CST：顧客關係管理　　496.5　　114010631